De grandes científicos, plantas y "bichos"

> Breves historias de divulgación científica <

Jorge Poveda Arias

De grandes científicos, plantas y "bichos"

© Jorge Poveda Arias. 2019

jorgepoveda@usal.es

Primera edición: Enero 2019, Salamanca

Kindle

ISBN: 9781792984716

Depósito legal: S 1-2019

Este libro ha sido realizado para ser distribuido. La intención del autor es que sea utilizado lo más ampliamente posible, que sean adquiridos originales para permitir la realización de otros nuevos y que, de reproducir partes, se haga constar el título y la autoría.

"A veces uno realiza un hallazgo cuando no lo está buscando".

Alexander Fleming

(científico descubridor de la penicilina y la lisozima)

A todas aquellas personas que disfrutan
de mi pequeño grano de arena

CONTENIDOS

PRESENTACIÓN	5
Serendipia: ¿suerte o ciencia?	7
Las neuronas y el primer Premio Nobel científico español: Ramón y Cajal	13
La mujer que sentó las bases de la evolución celular: Lynn Margulis	19
CRISPR: la técnica del próximo Nobel científico español	25
La mujer que descubrió los "genes saltarines"	31
¡¡Yo no quiero comer genes!!	37
Sandías sin semillas: ¡Transgénicas, fijo!	47
Cuando las plantas toman decisiones	51
Arabidopsis thaliana: la "mala hierba" que alcanzó la cima de la ciencia vegetal	55
El ácido salicílico: del sauce a las aspirinas	61
Glucosinolatos: ¿defensas vegetales o batallón contra el cáncer?	67
Planta-microorganismo: ¿quién manda?	73

El fuego bacteriano	77
La bacteria *Xylella fastidiosa*: el ébola de los olivos	83
En el interior de las plantas…	87
Los insectos en la agricultura	93
Los insectos palo y su obsesión por parecerse a las plantas	103
El mayor asesino de las abejas: la avispa asiática (*Vespa velutina*)	107
La avispa que asesina castaños	113
El rojo de los yogures de fresa	117
Los insectos que no pagan "la luz": las luciérnagas	123
¡Tienes un cerebro de mosquito!	127
¡Vida tras la congelación!	131
La relación entre algunos escarabajos y la cerveza	137
El secreto de las termitas	141
Un arma en miniatura	145
El secreto de las hormigas para trabajar tanto: el descanso	149
SOBRE EL AUTOR	153

PRESENTACIÓN

La divulgación científica se define como la acción de poner al alcance de la sociedad en general la labor investigadora que ellos mismos sufragan, con el fin de hacer ver la importancia del conocimiento que esta labor genera para sus vidas.

Este libro se centra en el campo concreto de la divulgación con respecto a las ciencias de la vida, abordando diferentes temas relacionados con los propios investigadores, las plantas y los insectos (de ahí el nombre "bichos"). El libro engloba una recopilación de artículos escritos durante el año 2018, en concreto, 27 capítulos de muy fácil lectura y comprensión, que despertarán la curiosidad del lector hacia las ciencias de la vida y su investigación, mostrándole numerosas curiosidades que no se esperaba que existieran.

Los primeros cinco capítulos muestran grandes descubrimientos realizados por grandes hombres y mujeres investigadoras en el ámbito de las ciencias de la vida. Le siguen diez capítulos donde el lector se introducirá en el mundo vegetal, partiendo del concepto de cultivos transgénicos y hablando de cómo las plantas se defienden o qué enfermedades pueden sufrir. Posteriormente, doce capítulos relacionarán el mundo de las plantas con el de los insectos, hablarán de diversas curiosidades relacionadas con estos artrópodos y nos mostrarán lo importante que puede ser investigar y valorar la naturaleza.

Serendipia: ¿ciencia o suerte?

La serendipia se define según la RAE como "hallazgo valioso que se produce de manera accidental o casual". Por lo que se refiere a la ciencia, nos sorprendería la gran cantidad de descubrimientos científicos, algunos muy relevantes para nuestra vida diaria, que no son más que el resultado de esta "suerte" en la labor de investigación de los científicos. Este texto pretende mostrar alguno de estos importantes hallazgos, intentando siempre destacar la importancia que la ciencia tiene en nuestra vida; descubrir algo de forma fortuita necesita a su vez resolver gran cantidad de preguntas a su alrededor: ¿cómo ha ocurrido? ¿por qué? ¿qué significa? ¿cuáles son sus aplicaciones?, etc…

El primer ejemplo, y más famoso, de la serendipia lo encontramos en Arquímedes 250 años a.C., desarrollando el Principio de Arquímedes. Esto ocurrió gracias a que se dio cuenta de que al introducirse en la

Dibujo retrato de Arquímedes

bañera el nivel del agua subía, formulando que "un cuerpo sumergido en un fluido recibe un empuje de abajo hacia arriba igual al peso del volumen del fluido que desaloja", principio que utilizó para conocer el volumen de la corona de su monarca y poder calcular su densidad, al saber su peso, con el fin de determinar si era realmente de oro o el rey había sido engañado por el artesano y había utilizado otros metales en su elaboración.

Posteriormente, en 1666, Isaac Newton centró las bases para la formulación de la Ley de Gravitación Universal al observar como caía una manzana del árbol, señalando que la fuerza de la gravedad entre dos objetos es inversamente proporcional a la raíz cuadrada de la distancia que los separa. También en el campo de la física, en 1895 Wihelm Roentgen estudiaba el efecto de descargas eléctricas en el interior de un tubo al vacío observando, por casualidad, como en oscuridad empezaba a brillar un trozo de papel cercano al tubo, el cual, de forma totalmente fortuita, presentaba un compuesto denominado platino-cianuro de bario. Nacían los rayos X, capaces de atravesar cuerpos opacos.

En el campo de la medicina la serendipia ha sido también de gran ayuda. En 1796 Edward Jenner desarrolla el concepto de "vacuna", en concreto contra la viruela, al observar como las mujeres que ordeñaban a vacas infectadas por la viruela bovina presentaban vesículas en las manos, pero no se veían afectadas por la viruela humana, ¡se habían inmunizado! En 1844 Horace Wells visita un circo ambulante que presenta como su atracción principal el someter a uno de los espectadores al efecto de un "gas de la risa", en concreto el protóxido de nitrógeno. Durante el espectáculo el hombre bajo los efectos del gas se golpeó fuertemente la cabeza sin mostrar ningún signo de dolor, dándose cuenta al instante Wells del efecto anestésico que tenía esa sustancia. No patentó su descubrimiento, pues dijo que "verse libre de dolor tendría que ser gratuito".

Louis Pasteur

También dentro de este campo, Pasteur en el año 1880 se encontraba estudiando el cólera aviar descrito por él (*Pasteurella multocida*) cuando al inocular a unas gallinas con su bacteria observó como no morían. Al preguntarse la razón de ello descubrió que su ayudante no había cuidado el cultivo de bacterias y estaban débiles. Inoculó entonces a las mismas gallinas con bacterias sanas y observó que no se veían afectadas por la enfermedad. Nacía el concepto de "vacuna viva atenuada", que también le sirvió a Pasteur para el desarrollo de la vacuna antirrábica. De forma similar, en el año 1928 Alexander Fleming se encontraba investigando un tratamiento contra *Clostridium perfringes*, agente causal de la gangrena gaseosa, cuando, por accidente, estornudó sobre varias placas de cultivo con el patógeno. Sus fluidos provocaron la muerte del patógeno, encontrando como en nuestras mucosas existe una enzima antimicrobiana muy potente. Años más tarde, en 1928, Fleming investigaba con otra bacteria, *Staphylococcus aureus*, observando como, de casualidad, una de sus placas se había contaminado con esporas de algún hongo que estaba creciendo y matando a la bacteria patógena. El hongo era *Penicillium chysogenum* y estaba matando a la bacteria al producir el antibiótico penicilina.

Sello postal con Alexander Fleming

Referencias bibliográficas y más información:

Geison, G. L. (2014). *The private science of Louis Pasteur*. Princeton University Press.

Marletta, M. A. (2017). Serendipity in Discovery: From Nitric Oxide to Viagra 1. *Proceedings of the American Philosophical Society*, *161*(3), 189-20

McCay-Peet, L., & Toms, E. G. (2015). Investigating serendipity: How it unfolds and what may influence it. *Journal of the Association for Information Science and Technology*, *66*(7), 1463-1476.

Roberts, R. M. (1989). Serendipity: Accidental discoveries in science. *Serendipity: Accidental Discoveries in Science, by Royston M. Roberts, pp. 288. ISBN 0-471-60203-5. Wiley-VCH, June 1989.*, 288.

Roediger III, H. L. (2016). 30 Serendipity in Research: Origins of the DRM False Memory Paradigm. *Scientists Making a Difference: One Hundred Eminent Behavioral and Brain Scientists Talk about Their Most Important Contributions*, 144.

Yaqub, O. (2018). Serendipity: Towards a taxonomy and a theory. *Research Policy*, *47*(1), 169-179.

* Todas las fotografías han sido extraídas de la plataforma *Wikimedia Commons*.

* Capítulo basado en una publicación original en *EspacioCiencia*.

Las neuronas y el primer Premio Nobel científico español: Ramón y Cajal

El interés que a día de hoy suscita la neurobiología se basa en los grandes avances que han ocurrido en los últimos años alrededor de esta disciplina, pero aún en mayor grado a la incidencia, en aumento, que se está viendo en nuestra sociedad de enfermedades relacionadas con el sistema nervioso, como la esclerosis lateral amiotrófica (ELA), la enfermedad de Alzheimer o la de Parkinson.

Santiago Ramón y Cajal

Sorprendentemente, para muchas de las personas que lean este artículo, el padre de la neurobiología moderna fue un español, concretamente un aragonés (o navarro...), Santiago Ramón y Cajal (¡es sólo una persona!), médico y científico que cambió por completo la visión que hasta el momento se tenía del sistema nervioso. Formuló la denominada como "doctrina de la neurona", base de la neurobiología de hoy en día, en la cual se indica que las neuronas son las células base de la estructura y de la funcionalidad de todo el sistema nervioso. La diferencia con respecto a la opinión existente hasta el momento se basó en indicar que las neuronas no se encontraban unidas entre ellas formando un tejido completo, sino que eran totalmente independientes funcional y genéticamente. Además, fue capaz de describir y diferenciar las partes en las que se dividen estas células: dendritas (ramificaciones con las que conecta una neurona con la anterior, la cual le transmite el impulso nervioso), soma (cuerpo celular, metabólicamente hablando) y axón (larga prolongación que conecta con las neuronas siguientes).

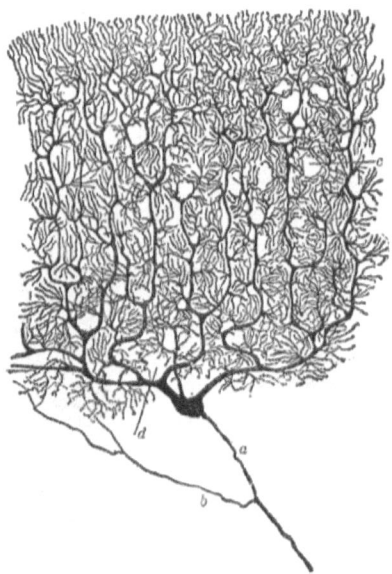

Neurona (célula de Purkinge) de cerebro de gato. Dibujo de Ramón y Cajal

A su vez, Ramón y Cajal postuló la denominada como Ley de la polarización dinámica y Teoría de la polarización axípeta, basadas, en un primer lugar, en la existencia de espacios entre las neuronas (las denominadas como conexiones sinápticas). Lo que el científico pretendía explicar es cómo ocurre la transmisión de un impulso nervioso de una neurona a otra (sobrepasando este espacio físico que hay entre ellas) y dentro de la propia neurona. Cómo la señal que percibe mi piel de la picadura de una abeja llega hasta el cerebro y percibo el dolor. Esa señal debe viajar de neurona en neurona desde la piel hasta el cerebro. La explicación de Ramón y Cajal parte de la idea de que la transmisión del impulso nervioso (de la señal) ocurre en una única dirección, que entra por las dendritas de una neurona y sale por su axón, a su vez conectado a dendritas de otras neuronas.

Santiago Ramón y Cajal nació en Petilla de Aragón, que es un pequeño territorio navarro dentro de la provincia de Zaragoza, por ello se discute si el científico era aragonés (sus padres eran aragoneses y creció en Aragón) o navarro (pues nació en territorio de Navarra). Fue un médico con muy buenos dotes artísticos, plasmados en las ilustraciones de sus investigaciones, que comenzó su labor en el ejército, participando como médico militar en las Guerras Carlistas y en la Guerra de Cuba. Con tan sólo 25 años se doctoró con una investigación sobre los procesos inflamatorios, comenzando a centrar su carrera profesional en los estudios sobre histología (ciencia que estudia los tejidos) y anatomía. Los descubrimientos realizados años posteriores con respecto a las neuronas le valieron el derecho a obtener el Premio Nobel en Fisiología o Medicina en el año 1906, siendo el primer científico español en alcanzar tal honor.

Pensar lo que Ramón y Cajal fue capaz de hacer con las pocas herramientas accesibles en el momento y en un pequeño estudio montado en su propia casa, hace ver el increíble científico del que la sociedad española pudo aprender y sentirse orgullosa. Pero no sólo eso, también fue un ejemplo de humildad y honestidad digno de tener muy en cuenta, rebajándose los sueldos que se le asignaban a las cifras que consideraba que su trabajo realmente valía, rechazando cualquier puesto político con remuneración económica, pero aceptando los libres de asignación monetaria, y no favoreciendo la carrera investigadora de su hijo (también científico), aun siendo él mismo quien concediese las becas.

Firma de 1900

Referencias bibliográficas y más información:

Castro, P. S. (2011). Cajal y el vuelo de las «mariposas del alma»: los orígenes de la neurociencia moderna. *Kranion*, 9, 17-25.

González Quirós, J. L. (2002). España y el patriotismo en la obra de Santiago Ramón y Cajal. *Ars Médica-Revista de Humanidades*, 2, 214-239.

Martinez del Campo, L. G. (2008). Santiago Ramón y Cajal: el primer presidente de la JAE. *Llull*, *31*(68), 289-320.

Quiroga, A. R. Sobre las investigaciones neuro-embriológicas cajalianas: la correspondencia entre Santiago Ramón y Cajal y Wilhelm Bis. *Cronos*, *3*(1), 183-200.

Shepherd, G. M. (2015). *Foundations of the neuron doctrine*. Oxford University Press.

* Todas las fotografías han sido extraídas de la plataforma *Wikimedia Commons*.

* Capítulo basado en una publicación original en *Papel de Periódico*.

La mujer que sentó las bases de la evolución celular: Lynn Margulis

El origen de la vida y los procesos que han debido suceder hasta el desarrollo de los organismos que a día de hoy están descritos representan algunos de los mayores enigmas del conocimiento. La carrera científica de Margulis se basó en ayudar a dilucidar algunos de estos secretos.

Lynn Petra Alexander (Lynn Margulis, tras su matrimonio) fue una bióloga estadounidense cuyas investigaciones cambiaron por completo la visión que se tenía sobre el proceso evolutivo hasta las denominadas como células eucariotas. Murió en noviembre de 2011, pero las consecuencias de su trabajo pueden tener aún más repercusión en el futuro.

Lynn Margulis (año 2005)

Las células se clasifican en procariotas y eucariotas; las primeras son las bacterias y se diferencian de las eucariotas en que su material genético no se encuentra dentro de un compartimento de doble membrana llamado núcleo y no presentan otros orgánulos celulares de doble membrana (como cloroplastos o mitocondrias), además, estas últimas forman parte de plantas, animales, hongos, algas y protozoos. La teoría endosimbiótica de Margulis pretende describir como sucedió el origen de las células eucariotas (hace unos 2.000 millones de años) mediante simbiosis sucesivas de diferentes células procariotas.

Una simbiosis se define como una relación muy estrecha entre dos organismos diferentes, de la que ambos obtienen beneficio (mutualismo); un ejemplo podemos encontrarlo en los líquenes, que son el resultado de la simbiosis entre un hongo y un alga. Precisamente, la principal teoría de Margulis, la teoría endosimbiótica o endosimbiosis seriada, se basa en la ocurrencia de varios procesos de simbiosis seguidos entre células procariotas.

Liquen *Lobaria pulmonaria*

La primera (endo)simbiosis tuvo lugar entre una bacteria espiroqueta, caracterizada por su forma de filamento enrollado, y una "bacteria primitiva" o arqueoacteria anaerobia (el oxígeno es tóxico para ellas) que vivía gracias al consumo de azufre. El resultado de su unión originó la primera célula eucarionte, que presentaba un núcleo con el material genético en su interior y un flagelo (apéndice movible en forma de látigo) gracias al cual la célula podía moverse libremente.

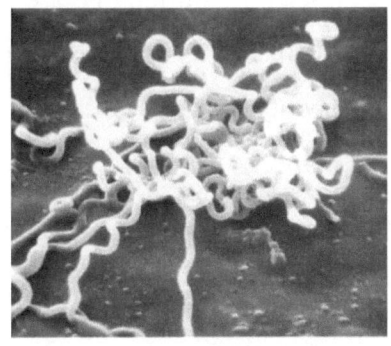

Espiroqueta *Treponema pallidum*

La segunda de las simbiosis tuvo que ocurrir entre este nuevo organismo eucariota primitivo y una bacteria capaz de respirar oxígeno, permitiéndole al nuevo organismo unicelular vivir en ambientes donde el oxígeno cada vez estaba más presente. De esta forma, la nueva bacteria engullida por el eucarionte conformaría las actuales mitocondrias, siendo el origen de los hongos y los animales.

Por último, la tercera simbiosis tendría lugar entre esta nueva célula eucariota capaz de respirar oxígeno y bacterias con capacidad de realizar la fotosíntesis (parecidas a las actuales cianobacterias). De estas nuevas bacterias engullidas surgieron los denominados como cloroplastos, orgánulos que realizan la fotosíntesis (obtienen alimento a partir de agua, CO_2 y radiación solar), permitiéndole a estas células eucariotas alimentarse por sí mismas. Los primeros organismos derivados de esta unión fueron pequeñas algas verdes unicelulares, y de ahí surgieron las actuales plantas.

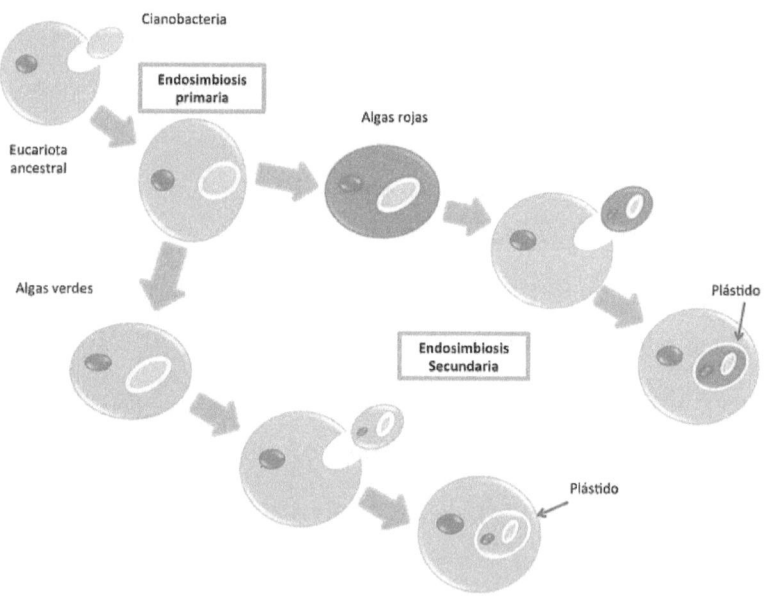

Teoría endosimbiótica

Pero Margulis también plantea otra teoría evolutiva, no tan ampliamente aceptada por la comunidad científica. La teoría simbiogenética indica que las adaptaciones surgidas en los organismos que les permiten adaptarse y evolucionar no surgirían a partir de mutaciones aleatorias en el material genético, sino que serían el resultado de simbiosis entre las células que conforman un organismo y diferentes bacterias de vida libre. Teoría que muchos rechazan, pero que serán los próximos hallazgos científicos los que tengan que desmentirla por completo.

Lynn Margulis fue una gran científica muy avanzada para su tiempo, e incluso para el nuestro, cuyo trabajo ha resuelto paradigmas científicos de gran importancia y que podrían cambiar por completo, en un futuro, la visión general que se tiene de la biología evolutiva.

Referencias bibliográficas y más información:

Cornish-Bowden, A. (2017). *Lynn Margulis and the origin of the eukaryotes*. Elsevier

Gray, M. W. (2017). Lynn Margulis and the endosymbiont hypothesis: 50 years later. *Molecular biology of the cell*, *28*(10), 1285-1287.

Margulis, L. (1971). Symbiosis and evolution. *Scientific American*, *225*(2), 48-61.

Margulis, L., & Chapman, M. J. (2009). *Kingdoms and domains: an illustrated guide to the phyla of life on Earth*. Academic Press.

Margulis, L., & Sagan, D. (2000). *What is life?*. Univ of California Press.

* Todas las fotografías han sido extraídas de la plataforma *Wikimedia Commons*.

* Capítulo basado en una publicación original en *MasScience*.

CRISPR: la técnica del próximo Nobel científico español

En los últimos años, cada vez que se acerca la fecha de las nominaciones para los Premios Nobel, resuena en nuestro país el nombre de Francis Mojica (Francisco Juan Martínez Mojica), investigador y profesor dentro del Departamento de Fisiología, Genética y Microbiología de la Universidad de Alicante. Este científico ha dedicado gran parte de su vida profesional al estudio de las denominadas como CRISPR (del inglés *Clustered Regularly Interspaced Short Palindromic Repeats*) o Repeticiones Palindrómicas Cortas Agrupadas y Regularmente Interespaciadas. Pero ¿qué es CRISPR y qué significado tiene realmente su descubrimiento y utilización en nuestras vidas?

Las CRISPR son secuencias de ADN de bacterias, las cuales contienen pequeños fragmentos del ADN de diferentes virus que han atacado a esas bacterias. Estos fragmentos de ADN los utiliza la bacteria como biblioteca donde comparar las secuencias de virus similares que le estén atacando en otro momento y, así, poder defenderse de una forma mucho más precisa. Estas "bibliotecas" son transmisibles de unas bacterias a otras y se encuentran en el

40% de sus genomas. Lo normal es que las secuencias CRISPR estén asociadas con genes codificantes de proteínas nucleasas (rompen los ácidos nucleicos, como el ADN) denominadas Cas, cuya función es romper el material genético del virus atacante. De esta forma, el sistema CRISPR/Cas funciona como un "sistema inmune" bacteriano que les confiere inmunidad adquirida: la bacteria es atacada por un virus, guarda la información del atacante y la une a un arma contra él.

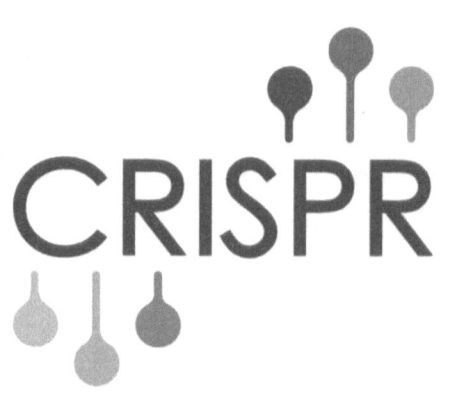

Logo de la técnica CRISPR

Aunque en el año 1987 un grupo de investigadores japoneses ya habían hablado sobre la existencia de este tipo de repeticiones no las utilizaron más allá que para clasificar diferentes bacterias. Mientras que en el año 1993 Mojica y colaboradores publicaron un hallazgo similar de secuencias de este tipo en arqueas (algo así como "bacterias primitivas") y a partir de ahí prosiguió con su investigación. En el año 2000 publican su posible papel en la ruptura de otras secuencias genéticas y en el año 2002, ya con el nombre de CRISPR, se describe su unión con nucleasas. Pero hasta el año 2005 no se determina la presencia de secuencias de virus en su interior y se describe su papel como "sistema inmune" bacteriano.

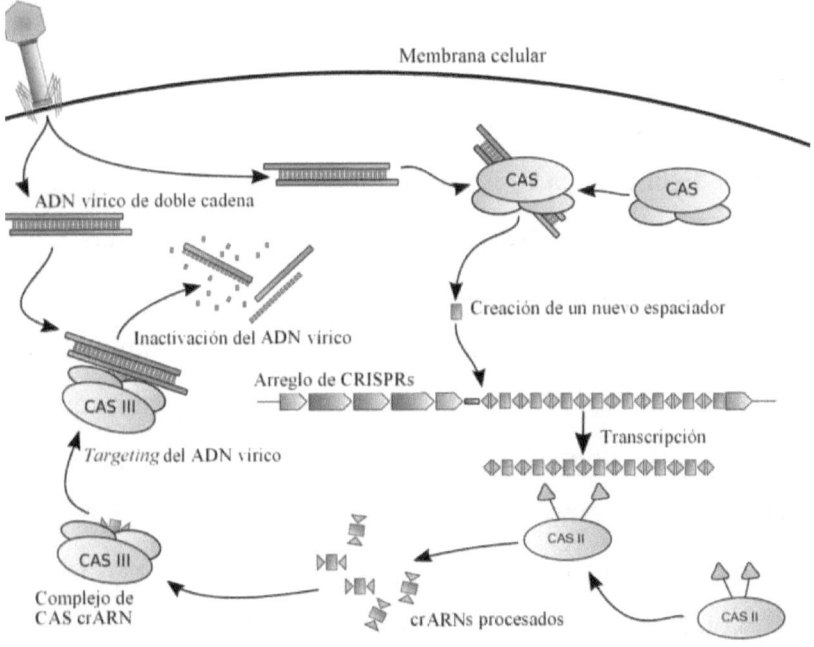

Mecanismo CRISPR

A partir del año 2013, este sistema se está utilizando en la "edición" de genes, para cambiar sus secuencias, agregar nuevas o simplemente bloquearlos. Para ello se utilizan las nucleasas Cas9, las cuales se introducen en las células junto con un ARN guía complementario al gen que se quiera modificar. Por lo tanto, las Cas9 cortarán las secuencias complementarias de las del ARN que acompañan.

Pero, ¿para qué sirve realmente CRISPR/Cas en nuestras vidas? Esta técnica representa un clarísimo ejemplo de lo que la investigación científica básica puede hacer por todos nosotros. Puede ser utilizado en medicina, por ejemplo, contra la anemia y la fibrosis quística, enfermedades causadas por una mutación muy pequeña en un solo gen. Mediante la extracción de células precursoras sanguíneas de la médula ósea del paciente (los denominados como hemocitoblastos que, al diferenciarse, forman los glóbulos rojos o eritrocitos, los glóbulos blancos o leucocitos, y las plaquetas o trombocitos) y su posterior cultivo, sometiéndolas a la edición genética por CRISPR/Cas, al reemplazar el gen defectuoso por otro corregido. Simplemente se volverían a inyectar estas células "curadas" en la médula ósea del paciente hasta alcanzar un número de estas células mayor que el de células defectuosas.

Por lo tanto, la técnica CRISPR/Cas abre la puerta al tratamiento de un gran abanico de enfermedades genéticas, ya no solo en individuos adultos, sino desde la formación del propio embrión.

Referencias bibliográficas y más información:

Deveau, H., Garneau, J. E., & Moineau, S. (2010). CRISPR/Cas system and its role in phage-bacteria interactions. *Annual review of microbiology*, *64*, 475-493.

Dorado, G., Luque, F., Pascual, P., Jiménez, I., Sánchez-Cañete, F. J. S., Raya, P., & Vásquez, V. F. (2017). Clustered Regularly-Interspaced Short-Palindromic Repeats (CRISPR) in bioarchaeology-Review. *Archaeobios*, *1*(11).

Makarova, K. S., Haft, D. H., Barrangou, R., Brouns, S. J., Charpentier, E., Horvath, P., & Van Der Oost, J. (2011). Evolution and classification of the CRISPR–Cas systems. *Nature Reviews Microbiology*, *9*(6), 467

Mojica, F. J., & Montoliu, L. (2016). On the origin of CRISPR-Cas technology: from prokaryotes to mammals. *Trends in microbiology*, *24*(10), 811-820.

Sander, J. D., & Joung, J. K. (2014). CRISPR-Cas systems for editing, regulating and targeting genomes. *Nature biotechnology*, *32*(4), 347.

* Todas las fotografías han sido extraídas de la plataforma *Wikimedia Commons*.

* Capítulo basado en una publicación original en *EspacioCiencia*.

La mujer que descubrió los "genes saltarines"

En la actualidad, la genética es una de las ciencias con mayores avances. Resultados que creíamos únicamente posibles en películas de ciencia ficción, ya han sido posibles o están cada día más cerca. Todo esto ha sido posible gracias al trabajo realizado por numerosos investigadores durante las últimas décadas, allanando el camino para los actuales grupos que intentan cada día mejorar nuestras vidas "jugando con genes". Pues es en este campo donde destacó en el siglo pasado una científica llamada Bárbara McClintock, la descubridora de los "genes saltarines".

Bárbara McClintock (1902-1992) fue una investigadora, muy avanzada para su tiempo, en la genética del maíz, describiendo una gran cantidad de procesos y mecanismos diferentes que ocurren dentro de las células, aunque no fueron

Barbara McClintock (1947)

muy bien recibidos por sus contemporáneos, en un primer momento. Todos sus hallazgos le sirvieron para recibir en el año 1983, a título individual, el Premio Nobel de Medicina o Fisiología.

Su formación académica fue compleja desde el primer momento, ya que tuvo que luchar contra la idea de su madre de que una mujer con estudios superiores dificulta su casamiento, y fue finalmente gracias a su padre que entró en la Universidad de Cornell (1919), estudiando botánica. Aunque a los pocos años comenzó su interés por el campo de la genética y toda su investigación, hasta la obtención del doctorado, fue en ese campo, ninguna mujer podía obtener títulos de genética y, por ello, fue Doctora en Botánica, aunque otras mujeres contemporáneas a ella lo obtuvieron en Mejora Vegetal.

En los años posteriores continuó con su investigación, centrada en la genética del maíz. De esta forma, describió las triploidías (3 juegos de cromosomas) o los cruzamientos que se producen en los cromosomas durante la meiosis, bases para numerosos hallazgos genéticos futuros. Posteriormente, realizó varias estancias en diferentes centros de investigación y universidades por todo el mundo, aprendiendo novedosas metodologías y realizando hallazgos básicos en la genética actual.

Mosaico genético en maíz

En la década de 1940 comienza con el estudio del fenómeno denominado 'mosaico genético', gracias al cual en una misma mazorca de maíz pueden existir granos de diferente color situados de forma aleatoria. Gracias a sus investigaciones consiguió determinar que este fenómeno de coloración era debido a la denominada como transposición, llevada a cabo por transposones o "genes saltarines". Estos genes cambian su posición dentro del cromosoma (incluso del genoma) durante los procesos de división celular, lo que provoca que sean expresados por unas células y no por otras. Por ello, algunos granos de maíz presentan coloración, al moverse el gen "del color" de la posición donde se encuentra su represor (su inhobidor). Todo ello le llevó a hipotetizar el concepto de regulación genética, algo sumamente inimaginable hasta el momento y básico en la investigación que día a día se realiza en la actualidad. Pero no fue hasta la década de los años 60, cuando investigaciones que llegaron a las mismas conclusiones que las de McClintock hicieron que las suyas tuvieran la verdadera importancia que merecían.

Bárbara McClintock es un ejemplo de esfuerzo e investigación científica en contra de las ideas preconcebidas de su época. Sin su perseverancia y dedicación, importantes avances habrían tardado muchos más años en lograrse. Su vida es un ejemplo de que lo más importante para avanzar es siempre creer en uno mismo.

Referencias bibliográficas y más información:

Barahona, A. (1997). Barbara McClintock and the transposition concept. *Archives internationales d'histoire des sciences*, *46*(137), 309-329.

Campbell, A. (1993). Barbara McClintock. *Annual review of genetics*, *27*(1), 1-32.

Fedoroff, N. V. (1994). Barbara McClintock (June 16, 1902-September 2, 1992). *Genetics*, *136*(1), 1-10.

Fedoroff, N. V., Strickland, S., Lawrence, P. A., Morata, G., Kelly, K., Cochran, B. H., & Leder, P. (1995). Barbara McClintock. *Biographical Memoirs of the National Academy of Science*, *68*, 211-36.

Kalyane, V. L., & Kademani, B. S. (1997). Scientometric portrait of Barbara McClintock: the Nobel laureate in physiology. *Kelpro Bulletin*, *1*(1), 3-14.

Kass, L. B., & Chomet, P. (2009). Barbara McClintock. In *Handbook of Maize* (pp. 17-52). Springer, New York, NY.

Ravindran, S. (2012). Barbara McClintock and the discovery of jumping genes. *Proceedings of the National Academy of Sciences*, *109*(50), 20198-20199.

* Todas las fotografías han sido extraídas de la plataforma *Wikimedia Commons*.

* Capítulo basado en una publicación original en *Hablando de Ciencia*.

¡¡Yo no quiero comer genes!!

Pensemos en la merienda de una soleada tarde de verano en el campo…

Sacamos nuestra ensalada fresquita con su lechuga, cebolla y tomates bien aliñados. Nada más probar el tomate, notamos que es como morder una esponja llena de agua, no sacamos ningún sabor del suculento vegetal. Lo primero que nos viene a la mente: "estos tomates ya no son como los de antes, ni huelen, ni saben a nada, ¡SON TRANSGÉNICOS!". Nada más lejos de la realidad. La razón por la cual los tomates que a día de hoy podemos encontrar en los grandes establecimientos no tienen aroma ni sobar, es debido a dos factores importantísimos en su comercio. El primero de ellos, la necesidad de que llegue el tomate fresco a la mesa; para ello, es necesario recoger los frutos de la planta cuando aún están verdes y madurarlos en cámaras frigoríficas, por ello, no acumulan azúcares y no tienen suficiente sabor. La otra razón deriva de los gustos del consumidor, que ha seleccionado siempre aquellos tomates en tienda que son totalmente redonditos y sin ningún tipo de defecto a la vista. Para conseguirlo, los agricultores han tenido que ir seleccionando aquellas variedades de tomate que presentaran total uniformidad en sus frutos, mediante cruces y cruces entre diferentes plantas, logrando esa uniformidad, pero perdiendo en todo ese proceso de selección los genes del tomate implicados en la acumulación de compuestos organolépticos deseables en el fruto, como el sabor o el aroma.

Pasamos al postre, una refrescante sandía bien fría. La abrimos y lo primero que podemos observar es que no tiene ni una sola pepita: "esta sí que sí, tiene que ser una sandía TRANSGÉNICA". De nuevo, cometemos un error y culpamos a los cultivos transgénicos de aquello que desconocemos. La sandía sin semillas se obtiene gracias a la utilización de un compuesto químico denominado colchicina, ya que procede del azafrán silvestre *Colchicum autumnale*, el cual actúa sobre la división celular de los gametos de las flores de la sandía, provocando la formación de semillas con un mayor número de cromosomas y, por lo tanto, inviables (no llegan a formarse por completo).

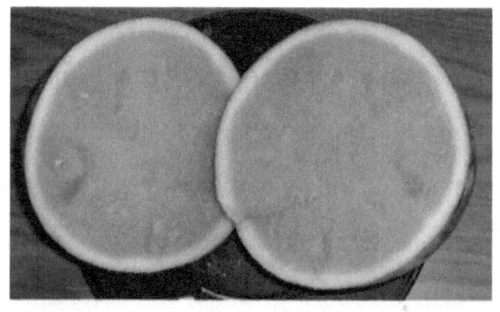

Sandía sin semillas

Entonces ¿qué es un organismo transgénico? y ¿dónde podemos encontrarlo en nuestro día a día?

Los organismos transgénicos son aquellos que "han sido modificados mediante la adición de genes exógenos para lograr nuevas propiedades" (RAE), a diferencia de los organismos modificados genéticamente (OMGs) que son aquellos cuyo genoma ha sido modificado por técnicas no naturales. Por lo tanto, todos los transgénicos son OMGs, pero no todos los OMGs son transgénicos. Por ejemplo, el famoso arroz bomba de las paellas valencianas es el resultado de una mutagénesis inducida (producción de mutaciones) sobre otra variedad de arroz antigua, modificando la forma del grano y sus propiedades organolépticas, por ello, sería un OMG, pero no un cultivo transgénico. Por otro lado, en el caso de los organismos transgénicos, pensemos en lo que ocurre con los injertos que se realizan en numerosos frutales, donde se mezclan, ya no genes, sino genomas completos de especies totalmente diferentes, por lo tanto, un frutal injertado sería un organismo transgénico ¡a lo bestia!, pero realmente no se

Injertos de cerezos sobre guindos

considera un organismo transgénico, puesto que esa denominación conlleva en Europa un grave perjuicio para su comercio, más que un concepto científico al uso.

Debemos partir de la idea de que la agricultura en sí misma se basa en la propia modificación genética de las plantas. El hombre durante miles de años ha ido cruzando diferentes variedades, e incluso especies, para obtener los cultivos productivos que tenemos a día de hoy. El caso del maíz representa un buen ejemplo de este proceso antropogénico. El teosinte es la planta originaria de los actuales maíces, ampliamente cultivados por todo el mundo, esta planta es significativamente más grande que las actuales y produce espigas de escasos centímetros, con apenas diez granos de difícil extracción. Han tenido que suceder varios siglos de cruces y cruces dirigidos por los agricultores mesoamericanos para lograr el maíz que actualmente podemos observar en nuestros campos. Pero aún más curioso es el caso del trigo, en la actualidad se utiliza el denominado como trigo harinero (*Triticum aestivum*), este cultivo es el resultado de la hibridación entre dos especies de *Triticum* silvestres, formando una planta con dos juegos de cromosomas y, a su vez, de la hibridación de este híbrido con otra especie silvestre más, obteniendo la especie con tres juegos completos de cromosomas que se cultiva a día de hoy. El trigo actual no tiene un gen de otra especie, tiene tres genomas completos de tres especies diferentes.

Entonces, ¿podemos encontrar realmente transgénicos en nuestro día a día? ¿un tomate? ¿una lechuga? ¿un pimiento? Viviendo en España, se diría que es totalmente imposible. En la Unión Europea se prohíbe totalmente el cultivo de plantas transgénicas en agricultura, únicamente a excepción del maíz Bt (con actividad insecticida), legalizado en 1998 y cuyo cultivo se sitúa casi en su totalidad en España. Por lo tanto, podríamos pensar que, si no cultivamos transgénicos, tampoco los consumimos… de nuevo un error, y a la vez un tremendo sinsentido europeo. Ejemplos de organismos transgénicos que se utilizan día a día en Europa los tenemos simplemente en las enzimas que presentan los detergentes de nuestras lavadoras, obtenidos de bacterias transgénicas, o las hormonas necesarias para que muchas personas puedan seguir con vida cada mañana, como son la insulina o la hormona del crecimiento, también procedentes de bacterias transgénicas. Pero en el caso de las plantas tampoco lo tenemos tan lejos, aunque en la UE no se permite el cultivo de este tipo de plantas, se fabrican los billetes de la "moneda única", los euros, con algodón transgénico e importado, al igual que toda la ropa fabricada en Asia. O en la crisis del ébola, cuando se detectaron varios casos del virus en territorio europeo, hubo que sintetizar una vacuna frente al virus, ¿cómo se hizo?… mediante la creación de una planta de tabaco transgénica.

Billetes de euro

Está claro que el uso de cultivos transgénicos supone más un beneficio que un perjuicio para la humanidad. Simplemente debemos coger los datos de porcentajes de producción mundial al año de los diferentes cultivos agrícolas, siendo transgénicos el 83% de la soja, el 75% del algodón, el 29% del maíz o el 24% de la colza. Por lo tanto, no debemos cometer el error de imaginar que en nuestra alimentación europea no se encuentran este tipo de cultivos transgénicos, aunque no sea de forma directa, pensemos que todo el pienso animal de nuestra ganadería se basa en soja y maíz importados y, por supuesto, transgénicos.

Queda claro que es imprescindible plantear en la UE un nuevo modelo productivo agrícola donde se permita el cultivo de plantas transgénicas, o Europa quedará a la cola mundial en producción de alimentos. En España, en la última Encuesta de Percepción Social de la Ciencia (en al año 2016; la próxima será realizada en el presente año 2018), realizada por la Fundación Española para la Ciencia y la Tecnología (FECYT) del Ministerio de Ciencia Innovación y Universidades, se realizaron interesantes preguntas a los ciudadanos españoles sobre este "problema". El 21,3% de los encuestados piensan que "cuando una persona come una fruta modificada genéticamente sus genes también pueden modificarse". Si cada vez que comemos cualquier alimento adquiriésemos sus genes, seríamos monstruos andantes, porque, a pesar de lo que se piense, todos los organismos vivos están llenos de genes, precisamente en ello se basa la vida. Por otro lado, el porcentaje de personas que apreciaban mayor número de perjuicios que de beneficios en el cultivo de plantas modificadas genéticamente era el más elevado, con un 33,4% de los encuestados. Ante tales resultados, se hace imprescindible mostrar a la sociedad, no sólo la necesidad absoluta de introducir los cultivos transgénicos en nuestras vidas, sino también los enormes beneficios que podemos obtener de ello a nivel de consumidores, pero también para los agricultores y distribuidores.

Arroz dorado

Por indicar alguno de los ejemplos que mayores beneficios pueden repercutir para la humanidad en el campo de los cultivos transgénicos, destacar el denominado como "arroz dorado". En muchos países en vías de desarrollo, el arroz representa su mayor fuente de alimento (e incluso la única), debido a la falta de recursos económicos, lo que hace prácticamente imposible el poder consumir frutas, verduras o productos de origen animal. Esta pobre alimentación provoca déficits nutricionales, como es el caso de la vitamina A, implicada en la visión o el sistema inmune. Su ausencia provoca la muerte a nivel mundial de hasta un millón de niños, junto con la ceguera de más de 250.000. Para evitar ese déficit nutricional, investigadores, sin ningún tipo de ánimo de lucro, han logrado introducir en el genoma del arroz genes de otras especies vegetales y microorganismos, consiguiendo la acumulación, en sus granos, de los carotenos que nuestro cuerpo necesita para sintetizar la vitamina A. De forma similar se ha conseguido también la obtención de "plátano dorado", para algunas zonas tropicales. Pero aún más de actualidad se sitúa la obtención de trigo libre de gluten, el cual ha sido desarrollado por investigadores españoles del Instituto de Agricultura Sostenible de Córdoba.

Por lo tanto, debemos pensar que si en 30 años la población mundial va a aumentar hasta los 9 mil millones de personas, vamos a necesitar de nuevas tecnologías como los cultivos transgénicos para poder alimentar a toda esa población, sino estaremos dejando a nuestros hijos un mundo de hambre y muerte. Los beneficios de las plantas transgénicas quedan claros con los variados ejemplos de éxito que se conocen día tras día. Entonces ¿por qué seguimos rechazando los cultivos transgénicos en Europa?...

Referencias bibliográficas y más información:

Agarwal, S., Grover, A., & Khurana, S. P. (2016). Tools to develop transgenics. *Applied Molecular Biotechnology: The Next Generation of Genetic Engineering*, 33.

CropLife. Database of the Safety and Benefits of Biotechnology. http://biotechbenefits.croplife.org/

González, J. G. (2016). Alimentos genéticamente alterados: transgénicos. *Biocenosis*, *21*(1-2).

Hurtado, M. A. A. (2017). Alimentos Transgénicos, una mirada social. *EN-Clave Social*, *5*(2).

Martín López, J. (2016). *Alimentos Transgénicos: Organismos Genéticamente Modificados (OGM)*. Universidad de Cantabria.

Mulet, J. M. (2017). *Transgénicos sin miedo*. DESTINO.

Muñoz Magnino, C. (2017). *Transgénicos. Ejercicios para visibilizar lo invisible* Tesis Doctoral. Universidad Finis Terrae.

Polo, K. L. (2017). *Seguridad alimentaria y alimentos transgénicos*. Universidad Complutense de Madrid.

Rafalski, J. A. (2017). Biotechnology and bioeconomy of complex traits in crop plants. *BioTechnologia*, *98*(1), 67-71.

Villalobos, V. (2008). *Los transgénicos: oportunidades y amenazas*. ENG.

* Todas las fotografías han sido extraídas de la plataforma *Wikimedia Commons*.

* Capítulo basado en una publicación original en *Acerca Ciencia*.

Sandías sin semillas: ¡Transgénicas, fijo!

Una planta transgénica se define como aquella a la cual se le ha introducido artificialmente un gen que le aporta una característica de interés, mediante la utilización de ingeniería genética. Este gen, denominado como transgén, debe pertenecer a una especie de planta con la cual no pueda reproducirse de forma natural la planta que se ha transformado, e incluso puede pertenecer a un organismo totalmente diferente evolutivamente, como puede ser un animal. En el caso de las sandías sin semillas, nada más lejos de la realidad, su obtención es mucho más sencilla y "artesanal", y, por supuesto, nada tiene que ver con la transgénesis.

La sandía sin semillas, aunque no hace mucho tiempo que podemos adquirirla en nuestros mercados, fue desarrollada en Japón en el año 1939, resultado simplemente de un

Sandía sin semillas

proceso de hibridación entre plantas con juegos de cromosomas incompatibles. En concreto se utiliza el polen de la flor masculina de una planta de sandía con dos juegos de cromosomas (2n) y se cruza artificialmente con la flor femenina de una sandía con cuatro juegos de cromosomas (4n).

En primer lugar, ¿cómo se obtiene una sandía tetraploide (4n), con el doble de juego de cromosomas de lo normal? Para conseguirlo, se parte de una planta de sandía normal diploide (2n) a la cual se le aplica un compuesto químico denominado colchicina, el cual se extrae del azafrán silvestre (*Colchicum autumnale*). Este compuesto lo que hace es modificar la normal división celular, provocando la formación de semillas con el doble de cromosomas.

El cruce de una planta de sandía diploide (2n) con una tetraploide (4n) dará como resultado la formación de un fruto de sandía con semillas triploides (3n) (tres juegos de cromosomas), las cuales serán viables, pero incapaces de formar semillas que lleguen a madurar. Por lo tanto, se obtienen sandías incapaces de formar semillas en su interior.

Mula

Pero este tipo de cruces artificiales realizados por el hombre para obtener organismos de interés, también lo podemos observar en el reino animal e incluso entre especies totalmente diferentes. Este es el caso de la mula, un híbrido estéril resultado del cruce sexual entre una yegua y un asno. Es un animal muy útil en las labores de campo, debido a su gran fuerza y resistencia, mejorando las características individuales de sus progenitores por separado. Por otro lado, presenta una desventaja (ventaja en el caso de la sandía) y es que es un animal casi siempre estéril, incapaz de reproducirse, debido a que el genoma del caballo presenta 64 cromosomas y el del burro 62. Todos los mulos son estériles, pero puede haber hembras que lleguen a formar óvulos fértiles, aunque las crías resultantes presentarán problemas genéticos que harán que sean muy débiles y de difícil crecimiento.

Referencias bibliográficas y más información:

Bottrel, M., Fortes, T., Hidalgo, M., Ortiz, I., & Dorado, J. (2017). Establishment and maintenance of donkey-in-mule pregnancy after embryo transfer in a non-cycling mule treated with oestradiol benzoate and long-acting progesterone. *Spanish Journal of Agricultural Research*, *15*(4), 04-01.

Franco, M. M., Santos, J. B. F., Mendonça, A. S., Silva, T. C. F., Antunes, R. C., & Melo, E. O. (2016). Quick method for identifying horse (Equus caballus) and donkey (Equus asinus) hybrids.

Júnior, A. A. S., Grangeiro, L. C., Sousa, V. D. F. L., da Cruz Silva, A. R., & de Lucena, R. R. M. (2017). Nutrient accumulation on seedless watermelon. *Científica*, *45*(3), 325-332.

Kamthan, A., Chaudhuri, A., Kamthan, M., & Datta, A. (2016). Genetically modified (GM) crops: milestones and new advances in crop improvement. *Theoretical and applied genetics*, *129*(9), 1639-1655.

Ladics, G. S., Bartholomaeus, A., Bregitzer, P., Doerrer, N. G., Gray, A., Holzhauser, T., & Parrott, W. (2015). Genetic basis and detection of unintended effects in genetically modified crop plants. *Transgenic research*, *24*(4), 587-603.

Thayyil, P., Remani, S., & Raman, G. T. (2016). Potential of a tetraploid line as female parent for developing yellow-andred-fleshed seedless watermelon. *Turkish Journal of Agriculture and Forestry*, *40*(1), 75-82.

* Todas las fotografías han sido extraídas de la plataforma *Wikimedia Commons*.

* Capítulo basado en una publicación original en *Naukas*.

Cuando las plantas toman decisiones

Un estudio ha demostrado como las plantas son capaces de analizar a sus vecinas y responder competitivamente de forma diferente

La interacción entre seres vivos a través de la cual la capacidad de crecimiento, desarrollo y reproducción de un individuo se ve reducida como consecuencia de la presencia de otro, se denomina competencia biológica. Esta interacción puede darse entre individuos de una misma especie o de especies muy alejadas taxonómicamente la una de la otra, conformando las denominadas como comunidades ecológicas o conjunto de seres vivos que coexisten en un mismo espacio bajo las mismas condiciones ambientales.

Bosque tropical

En este sentido, los animales compiten mediante diferentes comportamientos como la confrontación, la tolerancia o la evitación, decidiendo que camino tomar en función de la capacidad competitiva de sus oponentes en relación con la suya propia. Aunque no de la misma forma, las plantas también pueden percibir la presencia de otras plantas competidoras cercanas, por ejemplo, al reducirse la cantidad y calidad de luz solar que les llega porque sus vecinas les hacen sombra. En esta situación, la planta puede también confrontarse a sus competidoras mediante el alargamiento vertical de su tallo, intentando superar y sombrear a sus vecinas, o aumentando su capacidad fotosintética bajo condiciones de luz limitadas, lo que sería una tolerancia a la competencia. Por otro lado, las plantas también pueden tener una respuesta de evitación de la competencia con otros individuos, creciendo lo más lejos posible de sus vecinas. Entonces, ¿Elige una planta su estrategia competitiva?

Potentilla reptans

Para responder a esta pregunta, un grupo de investigadores del Instituto de Evolución y Ecología de la Universidad de Tubinga (Alemania), ha utilizado en sus estudios a la planta conocida comúnmente como pata de gallina (*Potentilla reptans*), una herbácea que crece mediante estolones, como las fresas. Gracias a la utilización de plásticos transparentes con bandas verdes que simulaban hojas, los investigadores pudieron imitar la presencia de plantas vecinas competidoras de la herbácea, modificando de forma controlada la altura y densidad de las mismas, y observando las respuestas que se derivan de estos cambios externos.

Los resultados obtenidos demostraron como *Potentilla reptans* es capaz de elegir la mejor respuesta competitiva frente a las diferentes situaciones. Por ejemplo, cuando las bandas verdes simulaban poca densidad de plantas cercanas, pero muy frondosas, la herbácea decidía crecer a lo largo para intentar superarlas en altura. Por otro lado, cuando a estas competidoras, además, se les da altura, la herbácea directamente desiste en su crecimiento vertical e intenta tolerar la sombra aumentando su capacidad de fotosíntesis. Si las competidoras podían evitarse lateralmente por su baja densidad, entonces la herbácea crecía por el suelo alejándose de ellas.

Por lo tanto, este estudio demuestra la capacidad de toma de decisiones que presentan las plantas y aporta una nueva evidencia de su capacidad para integrar información compleja sobre su entorno y responder de una manera adecuada.

Referencias bibliográficas y más información:
Gruntman, M., Groß, D., Májeková, M., & Tielbörger, K. (2017). Decision-making in plants under competition. *Nature Communications*, 8(1), 2235.

* Todas las fotografías han sido extraídas de la plataforma *Wikimedia Commons*.

* Capítulo basado en una publicación original en *Blasting News*.

Arabidopsis thaliana: la "mala hierba" que alcanzó la cima de la ciencia vegetal

La RAE define a "mala hierba" como aquella planta herbácea que crece espontáneamente dificultando el buen desarrollo de los cultivos. Por lo tanto, bajo esta denominación realmente se incluye cualquier pequeña planta capaz de crecer en una superficie de terreno que pretende ser utilizada en la agricultura, pero que no repercute en un beneficio directo para el agricultor o no se incluye dentro de aquellas plantas que él realmente está cultivando.

Entonces, existe una enorme variedad de plantas (por no decir todas) potencialmente "malas hierbas", pero dependiendo del lugar geográfico donde nos encontremos podremos encontrar unas u otras con mayor facilidad. Por ejemplo, la familia de plantas de las crucíferas (Brassicaceae) incluye unas 4 mil especies dentro de las cuales algunas son ampliamente utilizadas en agricultura (coliflor, brócoli, colza, etc.), pero muchas de ellas no tienen mayor interés aparente. Una de las representantes de esta familia es la planta *Arabidopsis thaliana*, la cual crece espontáneamente en el campo a latitudes templadas y a simple vista no parece que pueda aportar nada al hombre, ya que sus órganos no son atractivos para su consumo y tampoco destaca visualmente para ser utilizada como planta ornamental. Pero *A. thaliana* ha terminado siendo la principal "planta modelo" en investigación sobre biología molecular, genética y fisiología vegetal.

Planta de *A. thaliana* creciendo entre adoquines

Es una planta herbácea de pequeño tamaño (10-30 cm) con hojas en la base del tallo formando una roseta a su alrededor y alguna pequeña hoja aislada a lo largo de la planta. Sus flores presentan 4 pétalos en forma de cruz (de ahí su pertenencia a las crucíferas) y se acumulan en racimos al final de los tallos, terminando por formar silicuas tabicadas repletas de pequeñas semillas (0,5 mm de diámetro) ovoideas.

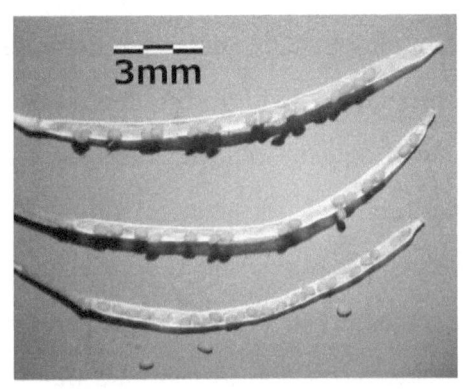

Silicuas y semillas de *A. thaliana*

Su ciclo de vida dura unas 5-6 semanas en la naturaleza, con una única generación al año, por lo general. Pero en condiciones de laboratorio se pueden conseguir hasta 6 generaciones al año. Además, es una planta que presenta un genoma muy pequeño (130 megabases) distribuido en tan sólo 5 cromosomas, lo cual facilita mucho su utilización en estudios genéticos.

Pero, ¿en qué criterios se basaron para elegir a esta planta como la "reina" de la investigación vegetal? Para entenderlo primero debemos situar en el tiempo la primera vez que alguien planteó la posibilidad de utilizarla, y fue Fiedrich Laibach en el año 1943, argumentando que presentaba muchas facilidades para los estudios genéticos, ya que incluía un genoma pequeño y un ciclo de vida muy corto. Pero esta idea no se hizo popular, ya que esta planta tiene unos cromosomas muy pequeños para observarlos al microscopio en esa época y no tenía ningún interés comercial.

No fue hasta principios de la década de 1980, cuando se lograron tres avances importantísimos que impulsarían totalmente la utilización en ciencia de esta planta. Se lograron identificar por mutación y mapear gran cantidad de genes en los cromosomas de la planta, simultáneamente con el descubrimiento de la importancia del análisis genético de plantas mediante el uso de mutantes, con el fin de caracterizar importantes procesos bioquímicos. Por último, se determinó que la cantidad de ADN presente en el genoma de arabidopsis era la más pequeña encontrada en cualquier planta de semilla descrita hasta el momento.

En las siguientes tres décadas, numerosos investigadores por todo el mundo centraron sus estudios en esta planta, logrando un enorme aumento en el conocimiento científico vegetal. El estudio génico mediante la creación de mutantes en arabidopsis ha llevado al desarrollo de numerosas e importantísimas ideas en lo que al mundo vegetal se refiere, como son los sistemas de floración, crecimiento radicular, formación de tricomas, fotorrespeiración, síntesis de pared celular, síntesis lipídica, biosíntesis y modo de acción de fitohormonas, fotorrecepción, etc. Por otro lado, *Arabidopsis thaliana* también es una planta utilizada como modelo en lo que se refiere a la interacción de las plantas con su medio circundante. Esto incluye la respuesta frente a estreses de tipo abiótico (sequía, salinidad, heladas, etc.) o el ataque producido por diferentes patógenos y plagas.

En resumen, la elección de *Arabidopsis thaliana* como planta modelo en biología vegetal se basa en siete principales características: su pequeño tamaño y fácil manejo, su corto tiempo de generación, su autopolinización y número de semillas producidas (>1000 semillas por planta), su pequeño genoma y su número reducido de cromosomas.

Representación gráfica de la planta *Arabidopsis thaliana*

Referencias bibliográficas y más información:

Andargie, M., & Li, J. (2016). *Arabidopsis thaliana*: a model host plant to study plant–pathogen interaction using rice false smut isolates of *Ustilaginoidea virens*. *Frontiers in plant science, 7*.

Haughn, G., & Kunst, L. (2010). *Arabidopsis thaliana*: a model organism for molecular genetic studies in plants: How and why was arabidopsis chosen over other plants? *Biology on the Cutting Edge: Concepts, Issues, and Canadian Research around the Globe (Pearson Canada, Toronto) pp*, 7-11.

Koornneef, M., & Scheres, B. (2001). *Arabidopsis thaliana* as an experimental organism. *eLS*. Nature Publising Group.

Sivasubramanian, R., Mukhi, N., & Kaur, J. (2015). *Arabidopsis thaliana*: a model for plant research. In *Plant Biology and Biotechnology* (pp. 1-26). Springer India.

Wang, D. W., Peng, X. F., Xie, H., Xu, C. L., Cheng, D. Q., Li, J. Y., & Wang, K. (2016). *Arabidopsis thaliana* as a suitable model host for research on interactions between plant and foliar nematodes, parasites of plant shoot. *Scientific reports, 6*, 38286.

* Todas las fotografías han sido extraídas de la plataforma *Wikimedia Commons*.

* Capítulo basado en una publicación original en *Naukas*.

El ácido salicílico: del sauce a las aspirinas

Todos hemos tomado alguna vez, o al menos nos suenan muy familiares, las aspirinas, unos medicamentos generales utilizados contra el dolor (analgésicos), la fiebre (antipiréticos) y la inflamación (antiinflamatorios). En realidad, este es su nombre comercial, denominándose de forma correcta ácido acetilsalicílico (AAS), obtenido a partir del denominado como ácido salicílico (AS).

Aspirina

El AS es una hormona vegetal implicada en gran cantidad de procesos y funciones dentro de la planta, como la germinación de las semillas, el cierre estomático, la senescencia de las hojas, el crecimiento y respiración celular, la tolerancia a estreses abióticos (salinidad, sequía, temperaturas), pero sobre todo en la resistencia de las plantas frente a las enfermedades provocadas por diferentes patógenos. Este último e importante papel de la hormona AS en las plantas fue descrito en el año 1979 por Ray F. White, quien observó como aplicando una solución de aspirina en hojas de tabaco reducía significativamente el daño producido por el virus del mosaico del tabaco (VMT) sobre ellas, además de que se provocaba un aumento en la concentración de proteínas defensivas de la planta en dichas hojas.

VMT

Posteriormente, se determinó cual era el papel que juega exactamente esta hormona en la defensa vegetal. Justo cuando la planta percibe, mediante receptores moleculares en su pared celular, la presencia de un patógeno, al reconocer moléculas que únicamente un patógeno produce, comienza la síntesis y acumulación de AS en esa zona en concreto de la planta. Entonces, lo que hará esta hormona será provocar la expresión de genes específicos de defensa vegetal contra ese tipo de patógenos, además de causando dos tipos de respuesta diferentes en las plantas. Por un lado, va a provocar la denominada como respuesta hipersensible (RH), basada en el suicidio de las células vegetales cercanas al patógeno, el cual, como necesita alimentarse de células vivas, morirá de inanición. Por otro lado, esta hormona va a ser capaz de activar por toda la planta la denominada como resistencia sistémica adquirida (RSA), haciendo que cualquier zona de la planta responda de una forma mucho más rápida y eficiente si el patógeno ataca.

Sauce blanco (*Salix alba*)

Este compuesto fue obtenido por primera vez del sauce blanco (*Salix alba*), pero ya Hipócrates en el siglo V a.C. aconsejaba hervir la corteza de este árbol para tratar dolores intensos. No fue hasta el año 1827 cuando Henri Leroux, y en 1828 Johann Buchner, consiguieron aislar el compuesto activo de esta corteza, la salicina. Diez años después, el químico Rafaelle Piria obtuvo el ácido salicílico a partir de este compuesto. Y en pocas décadas ya se había conseguido su síntesis química, sin tener que depender de la corteza de los sauces.

En 1899 se logra la síntesis del AAS por Hoffman y Dreser, siendo en poco tiempo el principal medicamento utilizado por vía oral contra el dolor y la fiebre. Este nuevo medicamento fue, en primer lugar, sintetizado por Hoffman con el fin de aliviar el dolor de su padre, que había perdido la movilidad por artritis, mientras que Dreser colaboró posteriormente con sus estudios, al trabajar ambos como químicos en la empresa Bayer, quien en 1900 sacó al mercado este compuesto con el nombre de aspirina.

Referencias bibliográficas y más información:

Kęszycka, P. K., Szkop, M., & Gajewska, D. (2017). Overall Content of Salicylic Acid and Salicylates in Food Available on the European Market. *Journal of agricultural and food chemistry*, *65*(50), 11085-11091.

Klessig, D. F. (2017). How does the multifaceted plant hormone salicylic acid combat disease in plants and are similar mechanisms utilized in humans? *BMC biology*, *15*(1), 23.

Klessig, D. F., Tian, M., & Choi, H. W. (2016). Multiple targets of salicylic acid and its derivatives in plants and animals. *Frontiers in immunology*, *7*, 206.

Kumar, D. (2014). Salicylic acid signaling in disease resistance. *Plant Science*, *228*, 127-134.

Muthulakshmi, S., & Lingakumar, K. (2017). Role of salicylic acid (SA) in plants—a review. *Int J Appl Res*, *3*(3), 33-37.

Palmer, I. A., Shang, Z., & Fu, Z. Q. (2017). Salicylic acid-mediated plant defense: Recent developments, missing links, and future outlook. *Frontiers in Biology*, *12*(4), 258-270.

Rainsford, K. D. (Ed.). (2016). *Aspirin and related drugs*. CRC Press.

White, R. F. (1979). Acetylsalicylic acid (aspirin) induces resistance to tobacco mosaic virus in tobacco. *Virology, 99*(2), 410-412.

* Todas las fotografías han sido extraídas de la plataforma *Wikimedia Commons*.

* Capítulo basado en una publicación original en *Hablando de Ciencia*.

Glucosinolatos: ¿defensas vegetales o batallón contra el cáncer?

A principios del siglo XIX fueron descritos unos compuestos azufrados presentes en determinados vegetales, los cuales representaban la base fundamental de varias dietas tradicionales a lo largo del mundo, las denominadas como crucíferas (Brassicaceae). Dentro de este grupo de plantas se incluyen algunas de gran interés agronómico y económico, como las del género *Brassica*: la coliflor, el brócoli, las coles de Bruselas, el repollo (*Brassica oleracea*), la colza (*Brassica napus*) o el nabo (*Brassica rapa*). A parte de tener en común una serie de características botánicas que hacen que pertenezcan a la misma familia vegetal, todos estos cultivos acumulan estos compuestos químicos con azufre: los glucosinolatos.

Surtido de *Brassica oleracea*

Estructura química general de los glucosinolatos

Los glucosinolatos presentan una estructura química general un poco compleja y con diferentes partes. Por un lado, su síntesis parte de un aminoácido (molécula que forma las proteínas) al cual se le une una glucosa sulfatada y un átomo más de azufre rodeado de oxígeno, mediante numerosas reacciones y modificaciones físico-químicas.

La aparición evolutiva de los glucosinolatos en determinados grupos de plantas ocurre gracias a la ventaja competitiva que les confieren como compuestos anti-nutricionales, nematicidas, fungicidas y herbicidas, protegiendo a la planta de numerosos posibles enemigos. Pero para que los glucosinolatos sean realmente útiles requieren de una "activación" por enzimas mirosinasas, que van a romperlos y liberar los verdaderos compuestos funcionales. Dentro de las células vegetales, los glucosinolatos y las mirosinasas se encuentran aislados los unos de los otros en compartimentos separados, generalmente vacuolas (orgánulos de almacenamiento de fluídos celulares), por lo tanto, hasta que no se produce un daño en los tejidos vegetales y la ruptura de sus células, por el ataque de un insecto, por ejemplo, sustrato y enzima no podrán unirse y liberar los compuestos tóxicos que la planta necesita para defenderse.

En el caso de los insectos y otros animales herbívoros que se alimenten de estas plantas, serán los isotiocianatos los compuestos tóxicos que les causen daño, al secuestrar uno de los componentes principales en el metabolismo de los animales, el glutatión. Aunque algunos insectos han logrado esquivar esta toxicidad vegetal, al liberar proteínas en su saliva que impiden la unión de las mirosinasas a los glucosinolatos y, por lo tanto, la formación de los isotiocianatos tóxicos. Algunos ejemplos de estos insectos podemos encontrarlos en la polilla de la col (*Plutella xylostella*) o el áfido del nabo y la mostaza (*Lipaphis erysimi*).

Polilla de la col (*Plutella xylostella*)

Frente a enfermedades causadas por microorganismos el mecanismo de defensa por parte de la planta cambia un poco. En este caso, una vez la planta reconoce la presencia de un patógeno en sus tejidos, actúa una mirosinasa especial que se encuentra libre en la célula, pero inactiva, la cual se unirá a los glucosinolatos almacenados produciendo su hidrólisis hacia componentes tóxicos antimicrobianos que la célula liberará al exterior.

Para finalizar, creo realmente interesante resaltar que, aunque los compuestos derivados de los glucosinolatos son tóxicos para gran cantidad de organismos, pues son usados por las plantas para defenderse, la presencia de alguno de ellos en nuestra dieta puede repercutir de una forma muy beneficiosa en nuestra salud. En concreto, los isotiocianatos son capaces de actuar como potentes armas contra el cáncer, debido a la activación de proteínas cuya actividad va a prevenir la aparición de las células cancerosas o a actuar contra las ya presentes. Además, protegen contra enfermedades cardiovasculares, neurodegenerativas, relacionadas con la diabetes o con *Helicobacter pylori*.

Referencias bibliográficas y más información:

Augustine, R., & Bisht, N. C. (2016). Regulation of glucosinolate metabolism: From model plant Arabidopsis thaliana to Brassica crops. *Glucosinolates*, 1-37.

Becker, T. M., & Juvik, J. A. (2016). The role of glucosinolate hydrolysis products from Brassica vegetable consumption in inducing antioxidant activity and reducing cancer incidence. *Diseases*, *4*(2), 22.

Grubb, C. D., & Abel, S. (2006). Glucosinolate metabolism and its control. *Trends in plant science*, *11*(2), 89-100.

Ishida, M., Hara, M., Fukino, N., Kakizaki, T., & Morimitsu, Y. (2014). Glucosinolate metabolism, functionality and breeding for the improvement of Brassicaceae vegetables. *Breeding science*, *64*(1), 48-59.

Jeschke, V., Gershenzon, J., & Vassão, D. G. (2015). Metabolism of glucosinolates and their hydrolysis products in insect herbivores. In *The Formation, Structure and Activity of Phytochemicals* (pp. 163-194). Springer International Publishing.

* Todas las fotografías han sido extraídas de la plataforma *Wikimedia Commons*.

* Capítulo basado en una publicación original en *Naukas*.

Planta-microorganismo: ¿quién manda?

Es ampliamente conocido por agricultores, ingenieros agrónomos e investigadores el papel que juegan los microorganismos beneficiosos presentes en el suelo en la promoción del crecimiento de las plantas, fundamentales en nuestra agricultura. Por ello, varios investigadores llevan años profundizando en el entendimiento de cómo sucede esta relación simbiótica mutualista entre ambos organismos y la forma en que la planta elige aquellos microorganismos con los que quiere relacionarse, pudiendo ser unos más beneficiosos que otros.

Esta relación está ampliamente condicionada por una compleja red de factores genéticos y ambientales, implicados en conseguir que en la rizosfera (suelo ocupado por la raíz de la planta) al final se consiga una variada mezcla de especies de microorganismos, no todos beneficiosos. Por esta razón, cuando se realizan investigaciones a nivel de laboratorio, observando como la inoculación de plantas con una cepa concreta de un microorganismo promueve significativamente el crecimiento vegetal, dichos resultados no suelen repetirse en el campo, puesto que allí esa cepa tiene que competir con muchos más microorganismos ya presentes en el suelo. En este sentido, conseguir plantas con la capacidad para gestionar de forma eficiente los microorganismos que se asientan en su rizosfera, podría propiciar numerosos beneficios productivos.

Acmispon strigosus

Investigadores del Instituto de Biología Integrativa del Genoma de la Universidad de California han utilizado un guisante silvestre, llamado *Acmispon strigosus*, y un conjunto de bacterias fijadoras de nitrógeno atmosférico, llamadas *Bradyrhizobium*, con el fin de profundizar en la capacidad de la planta para modificar su microbiota rizosférica. En primer lugar, pudieron observar como la fertilización de las plantas con abonos químicos no modificaba esta relación simbiótica, algo muy sorprendente y totalmente inesperado. Mientras que una ligera variación genética de las plantas, por ejemplo, siendo de la misma especie, pero perteneciendo a diferentes variedades, modificaba significativamente esta relación. Si se conseguía un aumento de la simbiosis, la productividad de las plantas aumentaba de forma muy significativa, en comparación con otras variedades que se relacionaban peor con las bacterias.

Por lo tanto, las características vegetales que rigen la forma en como se relacionan las plantas con los microorganismos del suelo están íntimamente relacionadas con rasgos genéticos varietales y heredables generación tras generación y, como consecuencia, pudiendo ser utilizados por los mejoradores vegetales en la creación de variedades altamente eficientes en estas simbiosis. De esta forma, consiguiendo reducir la dependencia que la agricultura a día de hoy tiene de los fertilizantes químicos, muy caros y contaminantes.

Las futuras investigaciones llevadas a cabo se centrarán en analizar esta simbiosis según va aumentando la complejidad de la microbiota del suelo, con cada vez más microorganismos diferentes con los que competir, y en la obtención de resultados provechosos con otros cultivos de gran interés agrícola.

Referencias bibliográficas y más información:

Wendlandt, C. E., Regus, J. U., Gano-Cohen, K. A., Hollowell, A. C., Quides, K. W., Lyu, J. Y., & Sachs, J. L. (2018). Host investment into symbiosis varies among genotypes of the legume Acmispon strigosus, but host sanctions are uniform. *New Phytologist*.

* Todas las fotografías han sido extraídas de la plataforma *Wikimedia Commons*.

* Capítulo basado en una publicación original en *Diario Siglo XXI*.

El fuego bacteriano

Imaginemos el aspecto de un fragmento de madera sometido a una llama...de color negruzco y sensación de quebrar fácilmente. Precisamente ese es el aspecto de las plantas que sufren la enfermedad denominada como fuego bacteriano, nada que ver con una combustión real, pero con consecuencias mortales para las plantas contagiadas.

Erwinia amylovora es la bacteria causante del fuego bacteriano de las rosáceaes, enfermedad de cuarentena en la Unión Europea. Esta bacteria es originaria de Estados Unidos y afecta a diferentes especies de plantas dentro de la familia Rosaceae, siendo las de mayor importancia agrícola las pertenecientes al grupo de los frutales de pepita, como el manzano, el peral, el membrillero o el níspero. La primera vez que se identificó la presencia de la bacteria en el

Manzano afectado por fuego bacteriano

territorio español fue en una plantación de manzanas para sidra, en Guipúzcoa en 1995, apareciendo focos por casi todas las comunidades autónomas en años posteriores.

La importancia que la enfermedad presenta a nivel mundial redunda en su elevado impacto económico, al afectar frutales ampliamente consumidos, la rápida migración de la bacteria en el interior de la planta, su capacidad de diseminación e infección, junto con la ausencia de métodos eficaces de lucha frente a ella. En la actualidad, se han descrito focos de la enfermedad en toda Norteamérica, casi toda Europa, Oriente Medio, el norte de África y Nueva Zelanda.

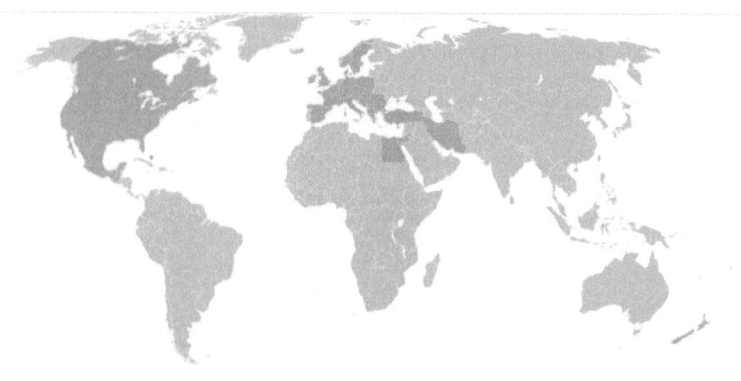

Distribución mundial de *Erwinia amylovora*

El ciclo de vida de *E. amylovora* va en consonancia con el desarrollo estacional del vegetal. La bacteria infecta a la planta generalmente en primavera, a través de las flores o pequeños brotes en desarrollo, al contagiarse de plantas cercanas por insectos, pájaros, viento, lluvia o herramientas de labranza contaminadas. A partir de ese momento, la bacteria comienza a infectar todos los tejidos de la planta, desplazándose hacia la base del tallo y produciendo la muerte de todas las células a su paso. Además, todos los órganos infectados producirán exudados llenos de bacterias, fuente de nuevos contagios. Cuando llega el otoño, las bacterias se asientan en los tejidos leñosos del tallo, formando grandes heridas longitudinales, denominadas chancros, donde surgirán los exudados contagiosos de la primavera siguiente.

Flor de manzano destruida por el fuego bacteriano, y fruto con exudados típicos de la enfermedad

Los síntomas que presentan las plantas afectadas por la enfermedad incluyen una masiva necrosis de flores, frutos, hojas y ramas, derivando en el característico aspecto de quemado que le da nombre, pudiendo también presentar exudados en todos los órganos. En primer lugar, se observa el "quemado" de flores y brotes, curvándose estos últimos en forma de cayado de pastor, desde ahí la necrosis avanza por las hojas y el resto de las ramas, hasta alcanzar el tronco leñoso.

Como ejemplo, en la legislación vigente en la comunidad autónoma de Castilla y León, si se identifica una parcela contaminada con fuego bacteriano deben seguirse los siguientes pasos: 1) establecer una zona de seguridad de 1 km de radio, donde se efectuarán seguimientos de las plantas susceptibles y se prohibirá su salida; 2) se arrancarán y destruirán de forma inmediata todos los árboles y plantas con cualquier tipo de síntoma relacionado con la enfermedad (sin necesidad de un diagnóstico bacteriológico), además de todas las plantas susceptibles cercanas.

En resumen, el fuego bacteriano representa una enfermedad vegetal de gran importancia a nivel mundial, muy contagiosa e incluida en el grupo de cuarentena, provocando su identificación en una parcela un grave problema para el agricultor, al estar obligado a destruir muchos individuos productores.

Referencias bibliográficas y más información:

Bühlmann, A., Pothier, J. F., Rezzonico, F., Stockwell, V. O., Smits, T. H., Beisel, C., & Frey, J. E. (2015). Population genomics, evolution and forensics of the fire blight pathogen *Erwinia amylovora*. *ETH Library*, 102.

McNally, R. R., Zhao, Y., & Sundin, G. W. (2015). Towards understanding fire blight: virulence mechanisms and their regulation in *Erwinia amylovora*. *Bacteria–Plant Interactions: Advanced Research and Future Trends*, 61-82.

Palacio Bielsa, A., & Cambra Alvarez, M. A. (2009). El fuego bacteriano de las rosáceas (*Erwinia amylovora*).

Santander, R. D., Oliver, J. D., & Biosca, E. G. (2014). Cellular, physiological, and molecular adaptive responses of *Erwinia amylovora* to starvation. *FEMS microbiology ecology*, *88*(2), 258-271.

Smits, T., Duffy, B., Sundin, G., Zhao, Y., & Rezzonico, F. (2017). *Erwinia amylovora* in the genomics era: from genomes to pathogen virulence, regulation, and disease control strategies. *Journal of Plant Pathology*, *99*(Special issue), 7-23.

* Todas las fotografías han sido extraídas de la plataforma *Wikimedia Commons*.

* Capítulo basado en una publicación original en *Naukas*.

La bacteria *Xylella fastidiosa*: el ébola de los olivos

El cultivo del olivo en España representa una superficie total cercana a las 2 millones y medio de hectáreas, de las cuales más de la mitad se encuentran en Andalucía, seguida muy de lejos por Castilla-La Mancha y Extremadura. Estas cifras son bastantes significativas a nivel mundial, pues Europa no llega a las 7 millones de hectáreas de olivares y a nivel mundial la superficie total es de poco más de 11 millones, las cuales producen unas 3 millones de toneladas de aceite de oliva.

Xylella fastidiosa es una bacteria fitopatógena que ataca a gran cantidad de cultivos diferentes, principalmente leñosos, como cítricos, viñas, frutales de hueso, ornamentales, etc. Fue descrita por primera vez en Estados Unidos como agente causal de la enfermedad de Pierce en las viñas, caracterizada por la caída de las hojas, las cuales presentan quemaduras en su superficie, y el marchitamiento y secado de la planta. Esta bacteria tiene un potencial

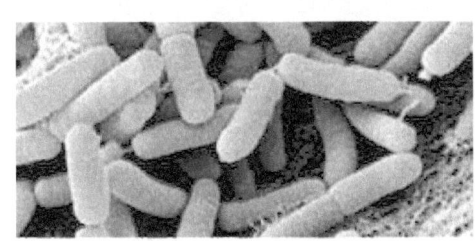

Xylella fastidiosa

patógeno muy elevado, debido a la gran cantidad de hospedadores a los que puede atacar y a la presencia de 4 subespecies con una enorme facilidad de recombinación genética entre ellas.

X. fastidiosa puede encontrarse distribuida por prácticamente todo el continente americano, aunque no de forma homogénea. Desde allí fue introducida en Asia, localizándola en Taiwán en 1993 y en Irán en 2013. Por otro lado, su primer reporte en Europa se sitúa en la región italiana de Puglia, en el año 2013, afectando a olivos, algo que hasta el momento no se había descrito, además de a almendros, cerezos, adelfas, etc. No tardó en detectarse la bacteria en Francia y Alemania, llegando a España en octubre de 2016, concretamente en tres cerezos en Mallorca. Desde ese momento su expansión por el archipiélago ha sido imparable, llegando a la Península Ibérica en Junio de 2017, exactamente a la provincia de Alicante donde se está expandiendo de forma muy rápida, sólo atacando a almendros.

El modo en el que *Xylella fastidiosa* afecta a las plantas es mediante su propagación dentro del xilema, haz vascular que transporta el agua y los nutrientes por toda la planta, obstruyendo y bloqueando todo su sistema de transporte. El síntoma más característico es la seca o quemado de las hojas, síntoma que se va extendiendo por las ramas y termina con la muerte de la planta.

Espuma producida por *Philaenus spumarius*

La dispersión de la enfermedad es realizada mediante insectos vectores que introducen su pico para alimentarse de los fluidos que van por el xilema de las plantas, moviendo la bacteria de una planta a otra. Estos insectos son principalmente hemípteros chupadores de la familia de los cicadélidos (chicharritas o saltahojas) y de los cercópidos (salivajos). En el caso de Europa el vector lo encontramos en la chicharra espumadora (*Philaenus spumarius*). Pero su dispersión sólo es eficaz en distancias cortas, pues su capacidad de vuelo es muy reducida. La forma en la que la bacteria es propagada a largas distancias es mediante el movimiento por el hombre de material vegetal infectado.

El mejor método de control frente a la enfermedad es la precaución, extremando las medidas analíticas y de certificación en cuanto al comercio de material vegetal, y más de zonas afectadas por la bacteria. En caso de que se detecte algún foco en territorio nuevo, se procederá a la eliminación de la planta afectada y de todas las circundantes donde pueda asentarse, además se realizará un tratamiento químico contra todos los posibles vectores presentes en la zona y se seguirá un plan de seguimiento y observación de la zona durante años.

Referencias bibliográficas y más información:

Almeida, R. P., & Nunney, L. (2015). How do plant diseases caused by Xylella fastidiosa emerge?

Chatterjee, S., Almeida, R. P., & Lindow, S. (2008). Living in two worlds: the plant and insect lifestyles of Xylella fastidiosa. *Annual review of phytopathology*, *46*.

Janse, J. D., & Obradovic, A. (2010). Xylella fastidiosa: its biology, diagnosis, control and risks. *Journal of Plant Pathology*, S35-S48.

Purcell, A. (2013). Paradigms: examples from the bacterium Xylella fastidiosa. *Annual Review of Phytopathology*, *51*, 339-356.

Redak, R. A., Purcell, A. H., Lopes, J. R., Blua, M. J., Mizell Iii, R. F., & Andersen, P. C. (2004). The biology of xylem fluid–feeding insect vectors of Xylella fastidiosa and their relation to disease epidemiology. *Annual Reviews in Entomology*, *49*(1), 243-270.

* Todas las fotografías han sido extraídas de la plataforma *Wikimedia Commons*.

* Capítulo basado en una publicación original en *Papel de Periódico*.

En el interior de las plantas…

Los microorganismos endófitos son aquellos que viven dentro de las plantas (endo=dentro; fito=planta) en algún momento de su ciclo de vida, sin causarles ningún daño aparente. Es una relación simbiótica presente en casi todas las plantas vasculares descritas, en la cual el hongo recibe de la planta nutrientes, protección y un nicho donde vivir, mientras que el hongo le aporta al vegetal una mejoría en sus capacidades adaptativas a diferentes situaciones adversas, como pueden ser la sequía, la salinidad e incluso el ataque de un herbívoro.

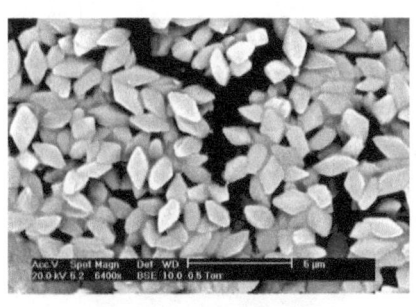

Toxina cristalina de *Bacillus thuringiensis*

Dentro de esta denominación se incluyen principalmente bacterias y hongos. Las bacterias penetran en el interior vegetal a través de aperturas naturales (como estomas o raíces en desarrollo) o heridas, proporcionando muy variadas ventajas a sus plantas hospedadoras. Por ejemplo, *Bacillus thuringiensis* es una bacteria endófita de varias especies vegetales que presenta una serie de proteínas tóxicas en su membrana contra insectos. Cuando un insecto herbívoro consuma una hoja en la cual está presente la bacteria endófita morirá y no seguirá defoliando a la planta. También existen otros géneros de bacterias endófitas capaces de promover el crecimiento vegetal, al aportarles nutrientes como fósforo y nitrógeno.

En el caso de los hongos, su descubrimiento como habitantes internos de los tejidos vegetales ocurrió en el año 1977 (aunque desde 1898 ya existía la hipótesis de su existencia), cuando Bacon relacionó directamente la presencia del hongo *Neotyphodium coenophialum* en plantas de *Festuca arundinaceae* utilizadas como pasto para ganado, con la alta incidencia que estaba ocurriendo de la enfermedad denominada como síndrome de verano o festucosis. Esta enfermedad provoca en el ganado una respiración acelerada y continuo babeo, unido a una total incapacidad para eliminar el

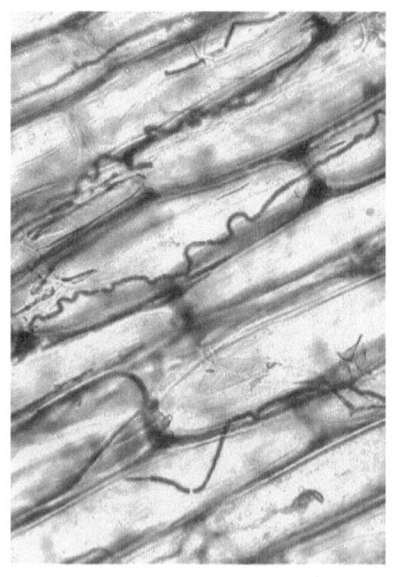

Crecimiento del hongo *Neotyphodium* entre las células de una festuca

calor corporal, lo que provoca problemas circulatorios y la excitación nerviosa de los animales en una búsqueda continua de fuentes de agua. Estos problemas en el animal son provocados realmente por la presencia de diferentes compuestos tóxicos sintetizados por el hongo endófito, que es transmitido de generación en generación a través de las semillas.

Pero los hongos endófitos también tienen otras estrategias para defender a su planta hospedadora de diferentes patógenos y herbívoros, como son la producción y liberación de diversos compuestos orgánicos volátiles letales contra diferentes hongos fitopatógenos, la activación controlada de las respuestas de defensa de la propia planta mediante diferentes señales del hongo, o la simple ocupación del espacio interno de la planta, impidiendo que pueda ser ocupado por un patógeno. De esta forma, los hongos endófitos son capaces de reducir significativamente la afectación de sus plantas hospedadoras por patógenos, como otros hongos, bacterias, nematodos y virus.

Como ya se ha comentado, este tipo de hongos son capaces de sintetizar una amplia gama de compuestos beneficiosos para la planta a nivel defensivo y de desarrollo, algunos de los cuales pueden ser muy interesantes en su aplicación en agricultura y medicina.

Existen varios ejemplos de compuestos sintetizados por este tipo de hongos que están siendo en la actualidad utilizados en medicina. Por ejemplo, el taxol es un alcaloide acumulado en los tejos, pero que es sintetizado por diferentes hongos endófitos, el cual es utilizado en el tratamiento del cáncer de mama y de ovarios. Otro caso es el de la planta típica que conforma el césped, *Cynodon dactylon*, en cuyo interior habita el hongo *Aspergillus niger*, que sintetiza un compuesto que actúa contra el cáncer cervical, colorectal y nasofaríngeo, la aspernigerina.

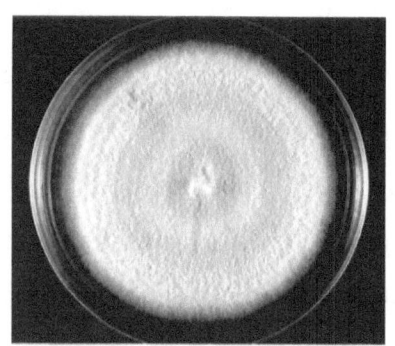

Placa de cultivo de *Acremonium falciforme*

En el campo de la agricultura, existen varias especies de estos hongos que viven en el interior de las gramíneas y sintetizan la denominada como lolina, por ejemplo, el género fúngico *Acremonium*, que es un alcaloide muy potente como insecticida, pero que tiene baja toxicidad para los mamíferos, pudiendo ser utilizado eficientemente como insecticida comercial. Mientras que contra bacterias fitopatógenas la variedad de compuestos producidos por estos hongos incluyen esteroles, benzofuranos o fomoenamidas, potentes antibacterianos.

El espacio interno de las plantas representa un nicho ecológico donde diferentes microorganismos pueden vivir en simbiosis con su hospedadora, mejorando su capacidad de enfrentamiento a diferentes estreses ambientales. Para la obtención de estos beneficios por parte de la planta el habitante interno debe sintetizar y liberar una gran variedad de compuestos químicos con diferentes fines, algunos de los cuales pueden ser aplicados en otros campos de interés, como la medicina.

Referencias bibliográficas y más información:

Arnold, A. E., Maynard, Z., Gilbert, G. S., Coley, P. D., & Kursar, T. A. (2000). Are tropical fungal endophytes hyperdiverse? *Ecology letters*, *3*(4), 267-274.

Arnold, A. E., Mejía, L. C., Kyllo, D., Rojas, E. I., Maynard, Z., Robbins, N., & Herre, E. A. (2003). Fungal endophytes limit pathogen damage in a tropical tree. *Proceedings of the National Academy of Sciences*, *100*(26), 15649-15654.

Bacon, C. W. (2018). *Biotechnology of endophytic fungi of grasses*. CRC press.

Faeth, S. H. (2002). Are endophytic fungi defensive plant mutualists? *Oikos*, *98*(1), 25-36.

Schulz, B., Boyle, C., Draeger, S., Römmert, A. K., & Krohn, K. (2002). Endophytic fungi: a source of novel biologically active secondary metabolites. *Mycological Research*, *106*(9), 996-1004.

Zabalgogeazcoa, I. (2008). Fungal endophytes and their interaction with plant pathogens: a review. *Spanish Journal of Agricultural Research*, *6*(S1), 138-146.

* Todas las fotografías han sido extraídas de la plataforma *Wikimedia Commons*.

* Capítulo basado en una publicación original en *Naukas*.

Los insectos en la agricultura

La primera imagen que nos viene a la cabeza cuando pensamos en insectos son las típicas moscas molestas y avispas peligrosas que nos llegan a amargar las tardes de verano, pero, tal y como dijo el microbiólogo descubridor de la primera vacuna contra la polio, Jonas Salk: "Si desaparecieran todos los insectos de la tierra, en menos de 50 años desaparecería toda la vida. Si todos los seres humanos desaparecieran de la tierra, en menos de 50 años todas las formas de vida florecerían".

Los insectos son una clase de animales invertebrados de seis patas incluidos dentro del Phylum de los artrópodos. Estos últimos se caracterizan por tener el cuerpo dividido en segmentos, a los cuales se les unen diferentes apéndices (patas, antenas, alas), además de tenerlo recubierto de quitina, de la cual necesitan desprenderse para crecer mediante mudas sucesivas. Las principales clases dentro de este grupo son los crustáceos, los arácnidos, los miriápodos y los insectos, diferenciándose estos últimos del resto por tener el cuerpo dividido en tres regiones (cabeza, tórax y abdomen), y poseer un par de antenas, un par de alas y tres pares de patas.

La denominada como "entomología agrícola" se describe como la ciencia que estudia todos aquellos insectos capaces de relacionarse directamente con el sistema agrícola y modificarlo. Por lo tanto, dentro de esta definición se incluyen los insectos polinizadores, los fitófagos (que se alimentan de material vegetal) y los que desarrollan una simbiosis mutualista (ambos individuos obtienen un beneficio), por ejemplo, al vivir en el interior de las plantas, como es el caso de varias especies de hormigas que viven en estructuras formadas en las ramas de las acacias y la protegen si algún herbívoro pretende consumir sus hojas. Además, todos aquellos insectos que interaccionen con ellos directamente, también podrán ser objeto de estudio de esta ciencia.

Hormigas en simbiosis mutualista con acacia

Por lo que se refiere a la polinización de los cultivos, se calcula que el 80% la llevan a cabo insectos polinizadores como las abejas de la miel (*Apis mellifera*), de ahí la enorme importancia de los insectos en la productividad agrícola de alimentos. Pero no solo las abejas (melitofilia) son capaces de transportar el polen de una flor a otra provocando su fecundación, también otros insectos visitan las flores con el fin de alimentarse de su néctar, como los escarabajos (cantarofilia), las moscas (miofilia), las avispas (esfecofilia), las hormigas (mirmecofilia) o las mariposas (faenofilia y psicofilia). Por otro lado, las hormigas también pueden dispersar activamente las semillas de diferentes plantas, al perderlas en el camino de vuelta al hormiguero.

En lo concerniente a los insectos fitófagos, destacar que la mitad de ellos consumen materia vegetal en algún momento de sus vidas, clasificándose en defoliadores (comen hojas), minadores o barrenadores (forman galerías en los tallos), xilófagos (consumen madera) o chupadores (succionan los fluidos vegetales). Para que una población de insectos pase de estar simplemente presente en un cultivo agrícola a conformar una plaga es necesario que ocurran cambios en la presión que el medioambiente ejerce sobre ellos. Los insectos siguen la denominada como estrategia biológica de la "r", basada en tener gran cantidad de descendientes de los cuales muy pocos llegarán a la edad adulta para reproducirse. Esto es debido a la presión del medio, que incluye, la temperatura, la humedad, el viento, los depredadores, los parásitos, etc. Si el ser humano disminuye la presión que estos factores externos ejercen sobre los insectos fitófagos, por ejemplo, aumentando la temperatura debido al cambio climático o dispersando por el cultivo insecticidas que acaben con todos sus enemigos naturales, la población de insectos perjudiciales no dejará de aumentar y su daño sobre las plantas será tan elevado que conformarán una plaga.

Myzus persicae es el nombre científico con el que se le conoce al pulgón verde del melocotonero. Este pequeño insecto se incluye dentro del grupo de los hemípteros y se alimenta introduciendo un pico en el interior de las plantas y absorbiendo sus fluidos nutritivos. Su ciclo de vida comienza en árboles del género *Prunus* (ciruelos, cerezos, melocotoneros, almendros) donde las hembras pusieron sus huevos el otoño anterior. Estos huevos eclosionan justo antes de empezar la primavera y surgen pequeños pulgones verdes sin alas que se alimentan sobre estos árboles. Tras un par de generaciones, los individuos que nacen de los nuevos huevos ya presentan alas y se dispersan, atacando a prácticamente cualquier planta que encuentren a su paso, incluyendo cultivos hortícolas. Sobre estos nuevos hospedadores desarrollan varias generaciones, volviendo a los árboles *Prunus* en septiembre. Esta plaga es capaz de provocar graves daños a los cultivos, al atacar hojas, flores y frutos, produciendo su secado o manchas que dificultan su venta. Además, al alimentarse de gran cantidad de plantas diferentes es transmisor de más de 100 virus vegetales distintos.

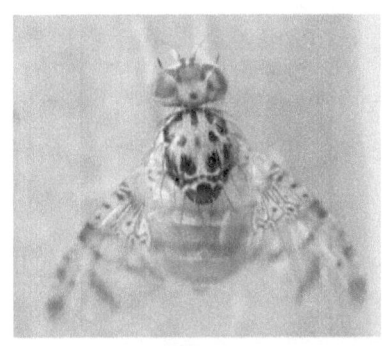

Mosca de la fruta (*Ceratitis capitata*)

La mosca de la fruta (*Ceratitis capitata*) es un díptero algo más pequeño que la mosca doméstica (*Musca domestica*) con colores muy llamativos. El verdadero problema en la agricultura lo causan sus larvas, al alimentarse de los frutos de cítricos y frutales de pepita y hueso. En primavera surgen las moscas adultas que, tras reproducirse, pondrán sus huevos en los frutos que encuentren. Entonces la larva nacerá e irá alimentándose de la pulpa del fruto hasta que alcance su máximo tamaño y se transforme en mosca adulta. Los frutos atacados muestran graves daños, caracterizados por una pulpa semilíquida en la cual se desarrollan diferentes hongos.

El escarabajo de la patata (*Leptinotarsa decemlineata*) es un coleóptero cuyo adulto es redondeado y listado en amarillo y negro. Por otro lado, las larvas son de color rojo-amarillo, muy blandas y gibosas. Aunque es un insecto que puede alimentarse de las hojas de cualquier solanácea (tomate, berenjena) prefiere la patata sobre cualquier otra planta. Son animales muy voraces, que consumen el tejido vegetal hasta dejar a las plantas totalmente defoliadas, disminuyendo enormemente la formación de los tubérculos, tanto en número como en tamaño. Como curiosidad, destacar que estos escarabajos se encontraban aislados en la zona de las Montañas Rocosas, alimentándose únicamente de una especie silvestre de solanácea, pero con la expansión del cultivo de la patata por todo el territorio americano estos insectos salieron de su aislamiento, aumentando enormemente su población y estando presentes, en la actualidad, en todo el hemisferio norte.

Larva del escarabajo de la patata alimentándose

El control biológico se define como la utilización de organismos vivos con el fin de disminuir la población de alguna especie que cause perjuicios al hombre. En este sentido, contra los insectos plaga de los cultivos agrícola existen diferentes estrategias, como son la utilización de microorganismos entomopatógenos (hongos, bacterias, virus y nematodos) o la utilización de otros insectos. Las estrategias seguidas en la utilización de insectos que acaben con otros insectos plaga se basan en conservar a los enemigos naturales presentes en el propio cultivo, incrementar el número de estos enemigos por liberación de nuevos individuos, o introducir nuevos enemigos exóticos.

Existen muchos ejemplos de éxito dentro de esta forma sostenible de reducir las plagas agrícolas, muchos de los cuales pueden ser adquiridos de forma comercial por los agricultores. Por ejemplo, contra los pulgones existen depredadores muy efectivos como las mariquitas (Coccinellidae), cuyas larvas y adultos atacan activamente a todos los pulgones que encuentran a su paso, consumiéndolos por completo. También contra los pulgones, existen los denominados como insectos parasitoides, los cuales ponen sus huevos en el pulgón y la larva que nazca lo irá devorando internamente, dejando únicamente su cutícula externa. Dentro de este grupo destacan pequeñas avispas, como *Lysiphlebus testaceipes*.

Larva de mariquita cazando pulgones   Avispilla introduciendo su huevo en pulgón

La importancia que los insectos tienen sobre el sistema agrícola es de elevada relevancia, no sólo vistos como un problema, sino también como medios para aumentar su productividad, al favorecer la polinización o atacar directamente a otros insectos perjudiciales.

Referencias bibliográficas y más información:

Avilla, J. (2005). *El control biológico de plagas y enfermedades. La sostenibilidad de la agricultura mediterránea.* Universitat Jaume I de Castellón.

Barrientos, J. A. (Ed.). (2004). *Curso práctico de entomología* (Vol. 41). Univ. Autònoma de Barcelona.

Dajoz, R. (2001). *Entomología forestal: los insectos y el bosque: papel y diversidad de los insectos en el medio forestal.* Mundi-prensa.

Gillott, C. (2005). *Entomology.* Springer Science & Business Media.

Jacas, J. A., & Urbaneja, A. (Eds.). (2008). *Control biológico de plagas agrícolas.* Phytoma.

Moreno, A. A. & Álvarez, C. S. (2005). *Entomología agraria: los parásitos animales de las plantas cultivadas.* Diputación Provincial de Soria.

Planelló M.R., Rueda M.J., Escaso F., Narváez I. (2015). *Manual de entomología aplicada.* Sanz & Torres.

* Todas las fotografías han sido extraídas de la plataforma *Wikimedia Commons*.

* Capítulo basado en una publicación original en *Cuaderno de Cultura Científica*.

Los insectos palo y su obsesión por parecerse a las plantas

Seguramente todos los lectores tendrán en la cabeza el aspecto del denominado como insecto palo o, por lo menos, sabrá que son insectos difíciles de apreciar a simple vista en la naturaleza, al vivir sobre las plantas y camuflarse entre sus ramas y hojas por mimetismo. Pues, más allá del mimetismo, estos insectos han copiado a las plantas hasta en su forma de dispersar la progenie.

Insecto palo

Los insectos palo, junto con los insectos hoja y corteza, se incluyen dentro de la familia de los fásmidos (*Phasmatodea*), caracterizada por su especialización en el camuflaje. Además, incluye a los insectos más grandes y pesados que existen. Por otro lado, es muy interesante su forma de defenderse de los depredadores, pues una vez atrapados pueden desprenderse de sus extremidades para intentar escapar. Se encuentran distribuidos por gran parte del planeta, algo muy sorprendente, pues su capacidad de desplazamiento es bastante reducida.

Por otro lado, es de destacar que muchas especies vegetales utilizan a los animales como vehículos para dispersar sus semillas y así poder expandir su progenie y colonizar nuevos lugares. Esto lo logran produciendo sabrosos y atractivos frutos que los animales sientan deseo de consumir (junto con las semillas en su interior), de esta forma, con poco que se desplacen, los animales defecarán las semillas en un lugar totalmente diferente a donde las consumieron (además, entre abono). Pero podríamos pensar que las semillas serán destruidas por los jugos gástricos de los animales. Esto puede ocurrir con alguna de las semillas, pero siempre habrá varias que sobrevivan viables a dicho proceso. Es más, existen semillas cuya cubierta protectora es tan gruesa y dura que necesitan del paso por estos jugos gástricos corrosivos para que, ya en el suelo, el agua pueda penetrar hasta el embrión y germinar.

Pues los insectos palo han desarrollado un sistema similar de dispersión de sus huevos. Como no tienen alas, su capacidad de desplazamiento se reduce a movimientos lentos entre ramas, algo que impide una dispersión de la especie a nuevos hábitats. ¿Cómo lo hacen entonces? Pues bien, las hembras llenas de huevos se dejan atrapar y comer por un pájaro (¡se suicidan por la dispersión de su progenie!). Estos huevos presentan una capa protectora que los hace muy resistentes, y un pequeño porcentaje de ellos (entre el 5 y el 20%) consigue sobrevivir al tracto digestivo del ave. Posteriormente, probablemente en un lugar muy alejado, el pájaro defecará huevos viables cerca de nuevas plantas que colonizar por los insectos, además, en las heces los insectos neonatos encuentran un lugar húmedo, caliente y rico en materia orgánica donde comenzar su vida. E incluso se ha llegado a pensar que estos huevos podrían ser arrastrados por corrientes de agua marinas y haber colonizado así nuevos hábitats.

Huevo de insecto palo

Analizando la estrategia llevada a cabo por estos insectos, simplemente para intentar darle una vida mejor a su progenie, nos hace imaginarnos la enorme complejidad de la biología de los insectos y de sus comportamientos. *"Estudiar la naturaleza nos hará descubrir sus apasionantes secretos y llegar a amarla como se merece"*.

Referencias bibliográficas y más información:

Bernatowicz, P., Radzikowski, J., Paterczyk, B., Bebas, P., & Slusarczyk, M. (2018). Internal structure of Daphnia ephippium as an adaptation to dispersion. *Zoologischer Anzeiger*, *277*, 12-22.

Fuller, D. Q., & Allaby, R. (2018). Seed dispersal and crop domestication: shattering, germination and seasonality in evolution under cultivation. *Annual Plant Reviews online*, 238-295.

Kobayashi, S., Usui, R., Nomoto, K., Ushirokita, M., Denda, T., & Izawa, M. (2016). Population Dynamics and the Effects of Temperature on the Eggs of the Seawater-dispersed Stick Insect Megacrania tsudai (Phasmida: Phasmatidae). *Zoological Studies*, *55*(2016).

Kobayashi, S., Usui, R., Nomoto, K., Ushirokita, M., Denda, T., & Izawa, M. (2014). Does egg dispersal occur via the ocean in the stick insect Megacrania tsudai (Phasmida: Phasmatidae)? *Ecological research*, *29*(6), 1025-1032.

Stanton, A. O., Dias, D. A., & O'Hanlon, J. C. (2015). Egg dispersal in the phasmatodea: Convergence in chemical signaling strategies between plants and animals? *Journal of chemical ecology*, *41*(8), 689-695.

Suetsugu, K., Funaki, S., Takahashi, A., Ito, K., & Yokoyama, T. (2018). Potential role of bird predation in the dispersal of otherwise flightless stick insects. *Ecology*, *99*(6), 1504-1506.

Sugiyama, A., Comita, L. S., Masaki, T., Condit, R., & Hubbell, S. P. (2018). Resolving the paradox of clumped seed dispersal: positive density and distance dependence in a bat-dispersed species. *Ecology*.

* Todas las fotografías han sido extraídas de la plataforma *Wikimedia Commons*.

* Capítulo basado en una publicación original en *Naukas*.

El mayor asesino de las abejas: la avispa asiática (*Vespa velutina*)

Vespa velutina

La avispa asiática o avispa negra (*Vespa velutina*) es un insecto himenóptero social muy dañino para las explotaciones apícolas de todo lugar donde llega a asentarse. Se diferencia del resto de avispas y/o avispones de la Península Ibérica por presentar únicamente uno de los segmentos de su abdomen de color amarillo y el resto del cuerpo totalmente negro, a diferencia de la avispa común (*Vespula vulgaris*), que a todos nos viene a la mente al hablar de avispas, con sus características bandas amarillas y negras por todo el cuerpo, o el avispón europeo (*Vespa crabro*), de colores naranjas muy vivos.

Su ciclo de vida comienza en primavera con una reina fundadora fecundada el otoño anterior, que empieza la fabricación de su nido, alimentándose de componentes vegetales como néctar.

Este nido estará situado en lugares muy resguardados y seguros, será fabricado a partir de diferentes pastas que la avispa elabora con su saliva y la corteza de diferentes árboles, y tendrá forma de cántaro redondeado. Una vez la reina pone los huevos de las primeras obreras en las celdillas que vaya fabricando, nacerán las larvas a los pocos días, las cuales deberán ser alimentadas por la propia reina, cazando continuamente diferentes insectos (puesto que las larvas son carnívoras). Al cabo de un mes, el nido ya dispondrá de avispas obreras que se encargarán de cazar y aumentar el tamaño del nido, invirtiendo cada vez más tiempo la reina en poner más y más huevos. La población del nido llega a ser tan grande al llegar el verano, que todos los individuos deben abandonarlo y fabricar uno nuevo muchísimo más grande en otro lugar.

Precisamente, es en verano cuando las avispas comienzan el ataque masivo a las colmenas de abejas, pues es un lugar donde hay muchísimos insectos en muy poco espacio, entrando y saliendo constantemente, facilitando enormemente su caza. La forma en la que la avispa asiática realiza la caza de las abejas es muy particular. La avispa se sitúa volando sobre la colmena, de espaldas a ella, a la espera de que las abejas obreras vuelvan cargadas de polen, pues estarán cansadas y se moverán lentamente. En ese momento, la avispa se abalanza sobre la abeja en pleno vuelo, sin posibilidad ninguna de supervivencia para la presa. Posteriormente, se llevará su víctima a un árbol cercano, donde le arrancará la cabeza, el abdomen, las alas y las patas, quedándose únicamente con el tórax, donde se encuentran los músculos de las alas y las patas, ricos en proteínas.

Abeja europea en pleno vuelo

En otoño, el nido alcanza el mayor número de individuos, unas 1700 avispas adultas en condiciones normales, denominándose como momento de máximo apogeo o madurez del nido. Es a partir de entonces cuando la reina comienza a producir huevos que darán lugar a avispas sexuadas, machos y hembras (reinas), siendo estas últimas las únicas que sobrevivirán al invierno, ya que la vida de la reina fundadora es de sólo un año, pues en cuanto hay nuevas reinas, las obreras dejan de alimentar a la fundadora; por su parte, las obreras morirán en cuanto bajen las temperaturas, y las nuevas reinas fecundadas consumirán todas las larvas del nido para obtener grasas que les permitan sobrevivir hasta la primavera. Cada nido puede llegar a producir hasta 500 reinas, de las cuales más del 90% morirán antes de llegar a formar de manera viable su propio nido.

Colmena de abejas asiáticas (*Apis cerana*)

El origen de esta avispa se encuentra en el norte de la India, habiéndose distribuido de forma natural por todo el Sureste Asiático. En esta zona, las abejas asiáticas (*Apis cerana*) han desarrollado una estrategia defensiva muy eficaz contra estas avispas. En cuanto perciben la presencia del depredador, las abejas se agrupan formando un batallón, de unos 100 individuos, que se abalanzan sobre la avispa envolviéndola por completo. Entonces comienzan a agitar vigorosamente sus alas provocando un aumento de la temperatura de la avispa hasta los 45ºC y del CO_2, muriendo, por tanto, de hipertermia y asfixia, condiciones que a las abejas no les afectan. De esta forma, el ataque a abejas asiáticas por estas avispas es muy poco probable, pero la avispa europea no ha aprendido esta estrategia.

Vespa velutina fue introducida accidentalmente en Europa en los primeros años de la década del 2000, concretamente en Francia, dónde se observaron los primeros nidos en el año 2004. Se cree que entró en las proximidades de Burdeos, a través del comercio marítimo procedente de Yunnan (China), asociado a plantas ornamentales y hortofrutícolas. Fue situada por primera vez en la Península Ibérica en agosto del año 2010, en la localidad navarra de Amaiur, debido a su cercanía con Francia y la falta de estructuras montañosas de gran tamaño entre los dos países, en esa zona. Tres meses más tarde ya se había extendido a Guipúzcoa. En los años posteriores ya se podía encontrar en el norte de Lugo, Vizcaya, Álava y el norte de Cataluña (2012), en el sur de Pontevedra (2013), en el oeste de Cantabria, el este de Asturias y el norte de Burgos, Palencia y León (2014), y en la Rioja (2015).

Además de los daños directos que esta avispa provoca sobre las explotaciones apícolas, es un animal sumamente violento que puede ser muy perjudicial para el hombre, ya que le ataca en grupos grandes, tiene un aguijón de 6 mm de longitud, persiguen hasta longitudes de 500 metros y echan veneno en los ojos. En España ya se han registrado casos de ataque a madereros y apicultores, e incluso a paseantes, como en el mes de noviembre del año 2017, cuando un hombre murió en Galicia por el ataque masivo de un enjambre. En Japón, mueren al año unas 50 personas por el ataque de estas avispas.

Referencias bibliográficas y más información:

Ruiz de Larramendi Fortún, M. (2017). Diseño de metodología y desarrollo de recursos para la modelización de especies exóticas invasoras; análisis de su aplicabilidad en el caso de Vespa velutina.

Arca, M., Mougel, F., Guillemaud, T., Dupas, S., Rome, Q., Perrard, A., & Chen, X. X. (2015). Reconstructing the invasion and the demographic history of the yellow-legged hornet, Vespa velutina, in Europe. *Biological invasions*, *17*(8), 2357-2371.

Monceau, K., Bonnard, O., & Thiéry, D. (2014). *Vespa velutina*: a new invasive predator of honeybees in Europe. *Journal of Pest Science*, *87*(1), 1-16.

Tabar, A. I., Chugo, S., Joral, A., Lizaso, M. T., Lizarza, S., Alvarez-Puebla, M. J., & Lombardero, M. (2015). Vespa Velutina Nigritorax: a new causative agent for anaphylaxis. *Clinical and translational allergy*, *5*(S3), P43.

* Todas las fotografías han sido extraídas de la plataforma *Wikimedia Commons*.

* Capítulo basado en una publicación original en *Acerca Ciencia*.

La avispa que asesina castaños

Dryocosmus kuriphilus, es un pequeño insecto himenóptero de la familia de los cinípidos o de las avispas formadoras de agallas (tumores vegetales) que daña enormemente a los castaños. Su origen se sitúa en China, y no fue hasta el año 1941 cuando se reportó por primera vez su presencia en otro país, concretamente en Japón. Posteriormente, llegó al continente americano en el año 1974, y a Europa en el año 2002, concretamente a Italia. Pero no fue hasta el año 2012 cuando fue introducida en España, concretamente en Cataluña, pudiendo encontrarla, en la actualidad, en el País Vasco, Cantabria, Asturias, Galicia y Castilla y León.

Dryocosmus kuriphilus

Esta pequeña avispa se reproduce por partenogénesis, no existiendo ningún macho dentro de su población. Esto es debido a que se produce el desarrollo de las células sexuales de las hembras sin ser fecundadas y, por lo tanto, son clones de sus madres y todas hembras, al no existir ningún tipo de información genética del sexo masculino.

Agalla producida en castaño por *Dryocosmus kuriphilus*

En otoño, las avispas adultas ponen sus huevos en el interior de las yemas de los castaños. A partir de estas estructuras se desarrollarían en primavera las hojas del árbol. En su interior la larva va creciendo durante el invierno, alimentándose del tejido vegetal y provocando la formación de una agalla a su alrededor, que deforma y llega a matar la yema. Desde el mes de mayo ya empezarán a salir las avispas adultas de estas agallas, coincidiendo con el máximo momento de crecimiento de los tejidos vegetales.

El síntoma más característico para diagnosticar la presencia del insecto en el árbol es la aparición de las agallas en las yemas y en las hojas que se desarrollan a partir de ellas. Su principal forma de dispersión a nuevos territorios es mediante el transporte por parte del hombre de material vegetal con los huevos dentro.

Al deformar e incluso destruir las hojas del castaño, esta avispa provoca una disminución en su capacidad fotosintética y, por lo tanto, en el número y calidad de castañas que produce. Además, si el árbol es atacado por un número muy grande de estas avispas, provocarán su muerte, al debilitarlo tanto, que cualquier enfermedad se asentará fácilmente en él.

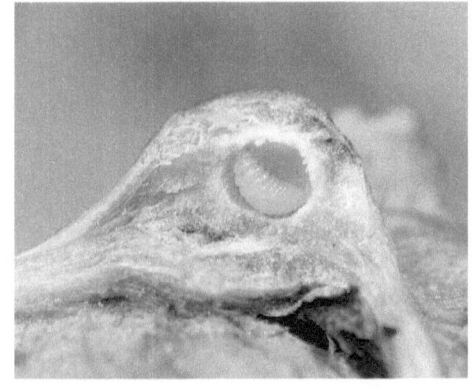

Larva de *Dryocosmus kuriphilus* en el interior de una agalla

Los métodos de control de esta plaga se basan en la poda y destrucción de los brotes infectados, el exhaustivo análisis de los plantones e injertos que se mueven por el territorio, o el uso de enemigos naturales en el denominado como control biológico. Estos enemigos son generalmente insectos himenópteros parasitoides, que ponen sus huevos en el interior de la avispilla del castaño y las larvas que salen consumen su interior, matándolas. Algunos de los géneros más destacados son *Torymus* y *Megastismus*, cuyas hembras atraviesan las agallas del castaño con su ovopositor hasta perforar la cutícula de las larvas de la avispilla y depositar los huevos dentro del hospedador.

Referencias bibliográficas y más información:

Aebi, A., Schönrogge, K., Melika, G., Alma, A., Bosio, G., Quacchia, A., & Seljak, G. (2006). Parasitoid recruitment to the globally invasive chestnut gall wasp *Dryocosmus kuriphilus*. In *Galling arthropods and their associates* (pp. 103-121). Springer, Tokyo.

Avtzis, D. N., Melika, G., Matošević, D., & Coyle, D. R. (2018). The Asian chestnut gall wasp *Dryocosmus kuriphilus*: a global invader and a successful case of classical biological control. *Journal of Pest Science*, 1-9.

Gehring, E., Bellosi, B., Quacchia, A., & Conedera, M. (2018). Assessing the impact of *Dryocosmus kuriphilus* on the chestnut tree: branch architecture matters. *Journal of Pest Science*, *91*(1), 189-202.

Otero, R. P., & Mansilla, J. P. (2014). El cinípido del castaño *Dryocosmus kuriphilus* Yasumatsu, 1951 llega a Galicia (NO de la Península Ibérica). *Arquivos Entomolóxicos*, (12), 33-36.

Otero, R. P., Crespo, D., & Vázquez, J. P. M. (2017). *Dryocosmus kuriphilus* Yasumatsu, 1951 (Hymenoptera: Cynipidae) in Galicia (NW Spain): pest dispersion, associated parasitoids and first biological control attempts. *Arquivos Entomolóxicos*, (17), 439-448.

* Todas las fotografías han sido extraídas de la plataforma *Wikimedia Commons*.

* Capítulo basado en una publicación original en *Papel de Periódico*.

El rojo de los yogures de fresa

Dactylopius coccus es el nombre científico con el que se le conoce a la cochinilla del carmín, un insecto hemíptero que se alimenta de los fluidos internos de diferentes especies de cactus del género *Opuntia* (nopales, tunas, chumberas). Las hembras viven fijas a las hojas de las chumberas, pues tienen su "boca" introducida en el interior vegetal, absorbiendo los nutrientes de forma continua.

Cochinilla alimentándose de cactus del género *Opuntia*

Cuando los españoles alcanzaron el continente americano observaron como los aztecas utilizaban un tinte muy intenso de color rojo para la decoración de tejidos, herramientas o su propio cuerpo, además de para la

Kermes ilicis sobre encina

escritura. Este tipo de colorante, en el "Viejo Mundo", era algo muy escaso y reservado para las altas clases sociales, pues para su obtención se requería del triturado y secado de unos insectos parásitos del roble y la encina, también cochinillas, del género *Kermes*.

La llegada de este nuevo tinte al continente europeo revolucionó el comercio de este tipo, llegando a resultar para la corona española, la tercera fuente de ingresos proveniente de América, por detrás del oro y la plata. Los aztecas llevaban siglos criando y seleccionando a las cochinillas del carmín sobre las chumberas, habiendo logrado ejemplares con una gran acumulación de pigmento y un sistema de proliferación sostenible.

Extracto carmínico de *Dactylopius coccus*

Debido a los beneficios económicos que este producto le suponía al comercio español, muchos otros países intentaron desarrollar en sus territorios dicho sector. Para ello, el sistema se basó en la introducción de las chumberas en nuevos hábitats (Hawaii, Sudáfrica, Australia) y la posterior liberación del insecto. Pero la cochinilla del carmín es un insecto muy sensible a los cambios ambientales y jamás lograron sobrevivir en estos nuevos lugares, propiciando una enorme y descontrolada proliferación de los cactus por los nuevos territorios que, por ejemplo, en Australia, provocó la pérdida irremediable de gran cantidad de territorio fértil para la agricultura.

En España, tras la independencia mejicana, se intentó la cría del insecto en las Islas Canarias, con enormes éxitos que llegan hasta día de hoy, con la presencia de una Denominación de Origen Protegida y habiendo sido el mayor productor de cochinilla del carmín a nivel mundial. Pero el éxito de este tinte no fue siempre tan impactante. En el siglo XIX se desarrollaron varios tintes rojos sintéticos que terminaron por sustituir al obtenido de la cochinilla, excepto en las industrias alimentarias, farmacéuticas y de cosméticos, pues los tintes químicos resultaban en numerosas reacciones alérgicas.

El pigmento obtenido de la cochinilla se basa en ácido carmínico, un compuesto de defensa que acumulan las hembras con el fin de protegerse frente el ataque de hormigas, ya que su movilidad es nula, al vivir fijas a las hojas de las chumberas.

En la industria alimentaria este pigmento es ampliamente utilizado en productos como yogures, batidos, carnes, mermeladas, caramelos, etc. En la Unión Europea puede determinarse la presencia del producto derivado de la cochinilla en el etiquetado del alimento gracias a la denominación E-120, mientras que en los Estados Unidos la denominación incluye únicamente la palabra "carmine". Por otro lado, en los productos de cosmética, como pintalabios, el etiquetado incluye generalmente la denominación "Red 4".

Referencias bibliográficas y más información:

Baranyovits, F. L. C. (1978). Cochineal carmine: an ancient dye with a modern role. *Endeavour*, *2*(2), 85-92.

Borges, M. E., Tejera, R. L., Díaz, L., Esparza, P., & Ibáñez, E. (2012). Natural dyes extraction from cochineal (Dactylopius coccus). New extraction methods. *Food Chemistry*, *132*(4), 1855-1860.

de Jesús Méndez-Gallegos, S., Panzavolta, T., & Tiberi, R. (2003). Carmine cochineal Dactylopius coccus Costa (Rhynchota: Dactylopiidae): significance, production and use. *Advances in horticultural science*, 165-171.

Lim, H. S., Choi, J. C., Song, S. B., & Kim, M. (2014). Quantitative determination of carmine in foods by high-performance liquid chromatography. *Food chemistry*, *158*, 521-526.

Méndez, J., González, M., Lobo, M. G., & Carnero, A. (2004). Color quality of pigments in cochineals (Dactylopius coccus Costa). Geographical origin characterization using multivariate statistical analysis. *Journal of agricultural and food chemistry*, *52*(5), 1331-1337.

Müller-Maatsch, J., & Gras, C. (2016). The "carmine problem" and potential alternatives. In *Handbook on Natural Pigments in Food and Beverages* (pp. 385-428).

* Todas las fotografías han sido extraídas de la plataforma *Wikimedia Commons*.

* Capítulo basado en una publicación original en *EspacioCiencia*.

Los insectos que no pagan "la luz": las luciérnagas

Al oír hablar de las luciérnagas lo primero que nos va a venir a la mente a todos es la típica escena cinematográfica de un bosque oscuro lleno de millones de pequeñas luces moviéndose por todas partes. Pero no sólo de luz vive la luciérnaga.

Bosque de bambús plagado de luciérnagas

Los denominados como bichos de luz o luciérnagas son un grupo de pequeños escarabajos (coleópteros) (unas 2000 especies) perteneciente a la familia de los lampíridos (Lampyridae), que suele vivir en zonas boscosas y húmedas de todo el mundo, bajo un clima templado. Su característica principal y diferencial se basa en la capacidad de producir luz, denominada como bioluminiscencia, la cual utilizan los machos y las hembras durante los vuelos nupciales en la época reproductiva, realizando diversas señales mediante destellos de luz.

La forma en que estos pequeños animales producen luz es gracias a un pequeño órgano situado en la parte inferior de su abdomen. Allí, una molécula denominada luciferina sufre una reacción química mediante la unión con oxígeno por la enzima luciferasa y produce energía en forma de luz. No es un proceso biológico que ocurra únicamente en las luciérnagas, pues podemos encontrarlo, por ejemplo, en medusas o en el pez linterna (*Centrophryne spinulosa*) que, en las profundidades del océano donde no llega la luz solar, ilumina un pequeño cuerno para hacer creer a otros peces que es un pequeño animal que pueden depredar, pero en cuanto se acercan son engullidos por su portador.

Adulto de luciérnaga

Pero las luciérnagas utilizan esta curiosa habilidad biológica para reproducirse, tras lo cual depositan sus huevos en el suelo o la corteza de los árboles. Las larvas que salgan se denominan gusanos de luz y son unos expertos depredadores de gasterópodos (caracoles y babosas), aunque también pueden cazar algún gusano.

Larva de luciérnaga

Una vez los alcanzan, les introducen un líquido que los paraliza y comienza a digerirlos internamente, para que los gusanos puedan succionarlos. Al igual que las luciérnagas adultas, estas larvas emiten luz y, puesto que no pueden reproducirse hasta que no se transformen en adultos, hace pensar que la bioluminiscencia también puede ser utilizada por estos insectos para defenderse de posibles depredadores, al sorprenderlos y confundirlos.

Como curiosidad, destacar que, al igual que la *Mantis religiosa*, tras la reproducción, la hembra puede matar al macho y comérselo, pero es algo que sucede en muy pocas especies, pues la gran mayoría de luciérnagas adultas ni siquiera se alimentan. Por otro lado, existen varias especies que si se sienten amenazadas comienzan a segregar una sustancia química de sabor amargo para sus depredadores, pero tan tóxica que acaba fácilmente con lagartijas y pájaros.

La destrucción de sus hábitats por la deforestación y el uso masivo de pesticidas agrícolas está disminuyendo enormemente la población de luciérnagas en todo el mundo. Si no queremos acabar con este regalo de la naturaleza es imprescindible proteger sus hábitats.

Referencias bibliográficas y más información:

Branham, M. A. (2015). Beetles (Coleoptera) of Peru: A survey of the families. Lampyridae. *Journal of the Kansas Entomological Society*, *88*(2), 248-250.

Longkumer, I. Y., & Kumar, R. (2018). Bioluminescence in Insect. *Int. J. Curr. Microbiol. App. Sci*, *7*(3), 187-193.

Martin, G. J., Branham, M. A., Whiting, M. F., & Bybee, S. M. (2017). Total evidence phylogeny and the evolution of adult bioluminescence in fireflies (Coleoptera: Lampyridae). *Molecular phylogenetics and evolution*, *107*, 564-575.

Martin, G. J., Lord, N. P., Branham, M. A., & Bybee, S. M. (2015). Review of the firefly visual system (Coleoptera: Lampyridae) and evolution of the opsin genes underlying color vision. *Organisms Diversity & Evolution*, *15*(3), 513-526.

Tisi, L. C., De Cock, R., Stewart, A. J., Booth, D., & Day, J. C. (2014). Bioluminescent leakage throughout the body of the glow-worm Lampyris noctiluca (Coleoptera: Lampyridae). *Entomologia Generalis*, *35*(1), 47-51.

* Todas las fotografías han sido extraídas de la plataforma *Wikimedia Commons*.

* Capítulo basado en una publicación original en *Naukas*.

¡Tienes un cerebro de mosquito!

Espero que ninguno de los lectores haya tenido que escuchar alguna vez esta frase hacia su persona, algo bastante despectivo e hiriente, pues tal y como define la RAE, significa sin ningún lugar a dudas: "poca inteligencia". ¿Pero realmente los mosquitos tienen cerebro? Y, en caso de tenerlo, ¿tan mal les funciona? ¿son tan tontos como hace ver este coloquialismo?

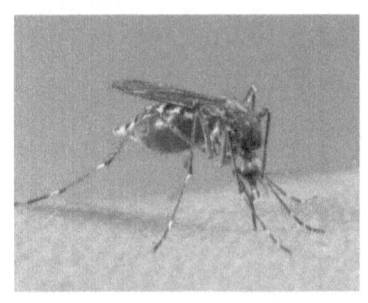

Mosquito *Aedes aegypti*

En primer lugar, debemos situar biológicamente a los mosquitos, insectos pertenecientes al orden de los dípteros (al igual que las moscas y los tábanos) que se caracterizan por tener una gran cabeza, con relación al resto de cuerpo, con dos grandes ojos compuestos, y por haber modificado sus alas posteriores para formar una especie de balancines que les permite estabilizarse durante el vuelo, razón por la cual las moscas únicamente tienen un par de alas visibles, cuando los insectos deberían siempre tener dos pares de ellas. Llegados a este punto, es imprescindible dejar claro que todos los insectos tienen cerebro, y que siempre lo tienen situado en la cabeza. Además, el sistema nervioso de los insectos se extiende mediante una cadena ventral (situada en la parte del cuerpo que mira hacia el suelo: "vientre") de nervios desde la cabeza hasta el ano (algo similar a nuestra médula espinal).

A pesar de lo que cabría pensar de un cerebro tan diminuto, presenta una actividad y funcionamiento sumamente complejos y precisos, pues no debemos olvidar que, gracias a él, los insectos son capaces de volar y aprender. Aun siendo tan pequeño, presenta una enorme complejidad de conexiones neuronales, las cuales aumentan de forma exponencial si hablamos de insectos sociales como las abejas y las hormigas, es más, cuanto mayor es el grupo de insectos al que pertenecen, más grande y desarrollado es el cerebro de los individuos que lo conforman. Por ejemplo, en el caso de las hormigas, este desarrollo en complejidad y tamaño llega a ser tan sumamente elevado que el tamaño del cerebro en relación al resto de su cuerpo llega a ser de hasta el 6%, caracterizándolo como el animal

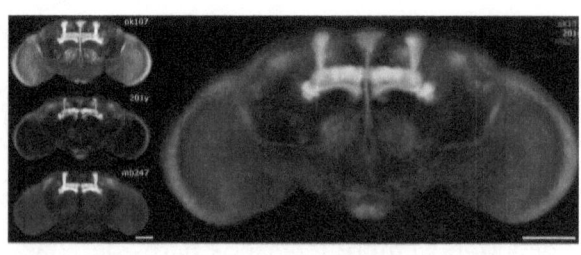

Cerebro mosca *Drosophila melanogaster* (de color claro)

con el cerebro más grande en relación al tamaño de su cuerpo. Comparando a las hormigas con los humanos, tendríamos que tener la cabeza hasta tres veces más grande para poder asemejarnos a ellas.

Centrándonos ya en el caso de los dípteros, en ningún caso comparar nuestro cerebro al suyo debería ser algo ofensivo. Pensemos en la capacidad que todos ellos tienen para esquivar nuestros ataques cuando intentamos "quitárnoslos de encima". En fracciones de segundo son capaces de percibir nuestro movimiento y tomar la mejor decisión para esquivarlo, y esto lo hacen con un cerebro del tamaño de un grano de sal. Por supuesto, son ayudados de unas potentes y sofisticadas alas, capaces de modificar su trayectoria hasta 90º con tan sólo una batida (y hacen hasta 200 por segundo). Ello es debido a que, aunque pequeño, su cerebro es capaz de procesar múltiples movimientos percibidos por sus ojos, en tan sólo fracciones de segundo, gracias al elevadísimo número de células neuronales presentes en el mismo y a su gran número de conexiones.

Referencias bibliográficas y más información:

Ahsan, J., Knaden, M., Strutz, A., Sachse, S., & Hansson, B. S. (2017). Spatial representation of odorant valence in an insect brain. *Mechanisms of Development*, (145), S115.

De Bivort, B. L., & Van Swinderen, B. (2016). Evidence for selective attention in the insect brain. *Current opinion in insect science*, 15, 9-15.

Eichler, K., Li, F., Litwin-Kumar, A., Park, Y., Andrade, I., Schneider-Mizell, C. M., Fetter, R. D. (2017). The complete connectome of a learning and memory centre in an insect brain. Nature, 548(7666), 175.

Ito, K., Shinomiya, K., Ito, M., Armstrong, J. D., Boyan, G., Hartenstein, V., Keshishian, H. (2014). A systematic nomenclature for the insect brain. *Neuron*, *81*(4), 755-765.

Pfeiffer, K., & Homberg, U. (2014). Organization and functional roles of the central complex in the insect brain. Annual review of entomology, 59, 165-184.

Reichert, H. (2017). How the humble insect brain became a powerful experimental model systHiesinger, P. R. (2018, July). The Self-Assembling Brain: Contributions to Morphogenetic Engineering from a Self-Organizing Neural Network in the Insect Brain. In *Artificial Life Conference Proceedings* (pp. 202-203). One Rogers Street, Cambridge, MA 02142-1209 USA journals-info@ mit. edu: MIT Press.em. *Journal of Comparative Physiology A*, *203*(11), 879-889.

* Todas las fotografías han sido extraídas de la plataforma *Wikimedia Commons*.

* Capítulo basado en una publicación original en *EspacioCiencia*.

¡Vida tras la congelación!

Los animales ectotermos son aquellos cuya temperatura interna depende directamente de la que haya en el ambiente, a diferencia de los endotermos (u homeotermos), capaces de mantener su temperatura totalmente estable, sin depender de la externa. Las estrategias a través las cuales los animales homeotermos (mamíferos y aves) son capaces de regular su temperatura interna van a incluir mecanismos como tiritar (contracciones musculares rápidas), aumento de su actividad metabólica y circulatoria para generar calor, o jadear y sudar para perderlo. Todas estas estrategias fisiológicas requieren de gran cantidad de energía para llevarse a cabo, pero sin las cuales estos animales no podrían sobrevivir a los cambios ambientales de su entorno. Por ello, se hace totalmente necesario el consumo de alimentos continuo y diario (de hasta varias veces al día) como materia prima de esta energía, a diferencia de los animales ectotermos que pueden estar semanas sin consumir nada.

En situaciones extremas de bajas temperaturas, los animales ectotermos se encuentran con un grave problema de supervivencia, el hielo, que al formar cristales en el líquido interno de las células rompe membranas y orgánulos, provocando la muerte de células y tejidos. En este sentido, siguen dos estrategias defensivas frente al mismo: huir de él, escondiéndose en lugares cálidos bajo tierra o yendo al fondo de las masas acuáticas, o resistir el efecto de la congelación, para volver a su vida normal en primavera.

Los insectos son unos animales invertebrados que se incluyen dentro del fílum de los artrópodos (cuerpo cubierto por quitina, dividido en segmentos y con apéndices artículados). Su anatomía interna engloba todos sus órganos dentro de una "bolsa de sangre", que en su caso se denomina hemolinfa, encargada del transporte de oxígeno, nutrientes, deshechos, hormonas y del funcionamiento del sistema inmunitario.

Estos pequeños invertebrados pueden llegar a congelar sus cuerpos y "revivir" en la primavera siguiente como si nada, entrando en un periodo latente de inactividad denominado diapausa. Pero ¿cómo lo hace para congelarse sin que sus tejidos se necrosen y mueran?

Epiblema scudderiana

Algunos insectos ni siquiera llegan a congelarse, pues son capaces de acumular en su hemolinfa diferentes proteínas anticongelantes y aumentar su contenido en grasas, permitiéndoles alcanzar temperaturas de -15°C sin que se formen cristales de hielo en su interior. U otros insectos, como la polilla de las agallas (*Epiblema scudderiana*) es capaz de sobrevivir sin congelarse a temperaturas de hasta -38°C, al acumular en su líquido interno hasta un 40% de glicerol, un alcohol causante del denominado como descenso crioscópico, capaz de disminuir la temperatura de congelación del agua al estar disuelto el alcohol en ella.

Pero no todos los insectos presentan estas estrategias frente a la congelación y muchos de ellos deciden dejarse llevar por su ambiente y congelarse con el fin de tener una mínima posibilidad de supervivencia. Este es el caso de numerosos insectos (un ejemplo son los wetas en Oceanía) cuyos hábitats se sitúan en regiones que alcanzan hasta los -70°C, pero que se congelan cuando el ambiente alcanza los -10°C. Lo que hacen estos insectos es controlar los lugares exactos donde se produce la congelación de su cuerpo, aislándola dentro de la hemolinfa, pero lejos de los órganos vitales. De esta forma sus cuerpos se congelan y ellos entran en un estado total de inactividad, pero sus tejidos vitales no se destruyen.

Insecto weta

Además, son capaces de variar por completo el problema al que se enfrentan. Según el agua de la hemolinfa se va congelando, aumenta la concentración de solutos del líquido que va quedando, esto provoca la salida de agua de las células del insecto, pues, según el proceso de homeostasis, el líquido interno celular y el externo tienden a tener la misma concentración en solutos y, para ello, las células deben controlar su contenido interno de agua. De esta forma, el insecto ya no se enfrenta a un problema interno de congelación sino de deshidratación de sus células, para cuyo caso estos animales están plenamente preparados. Según se vaya descongelando el hielo interno por el aumento de las temperaturas en primavera, se irán hidratando sus tejidos y el insecto revivirá como si nada hubiera sucedido.

Como puede observarse, los insectos presentan numerosas formas de tolerar el hostil ambiente que les rodea en lo que a bajas temperaturas se refiere, llegando incluso a congelarse conscientemente para sobrevivir. El conocimiento de estos mecanismos de congelación de los tejidos hace pensar a los investigadores en la posibilidad de utilizar herramientas derivadas de estas estrategias en el transporte y almacenamiento de órganos para trasplantes, algo aún por desarrollar.

Referencias bibliográficas y más información:

Des Marteaux, L. E., Štětina, T., & Koštál, V. (2018). Insect fat body cell morphology and response to cold stress is modulated by acclimation. *Journal of Experimental Biology*, *221*(21), jeb189647.

Sinclair, B. J., & Marshall, K. E. (2018). The many roles of fats in overwintering insects. *Journal of Experimental Biology*, *221*(Suppl 1), jeb161836.

Toxopeus, J., & Sinclair, B. J. (2018). Mechanisms underlying insect freeze tolerance. *Biological Reviews*.

Turner, M. (2017). *Extraordinary Insects*. Crazy Creepy Crawlers.

Zhang, J., & Storey, K. B. (2017). Insect cold hardiness: the role of mitogen-activated protein kinase and Akt signalling in freeze avoiding larvae of the goldenrod gall moth, Epiblema scudderiana. *Insect molecular biology*, *26*(2), 181-189.

* Todas las fotografías han sido extraídas de la plataforma *Wikimedia Commons*.

* Capítulo basado en una publicación original en *NeuroMan*.

De grandes científicos, plantas y "bichos"

La relación entre algunos escarabajos y la cerveza

Dentro de los insectos que se alimentan de madera, nos encontramos con los escarabajos barrenadores, que forman interminables galerías en los troncos de los árboles. En este gran grupo destacan los escarabajos ambrosía, pertenecientes a la tribu Xyleborini, caracterizada por el cultivo de hongos para su alimento, del género *Ophiostoma*, dentro de las galerías.

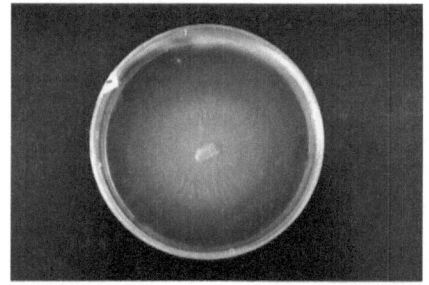

Ophiostoma ulmi creciendo en placa Petri

Desde hace muchos años se sabe que estos escarabajos se sienten especialmente atraídos por el alcohol, debido a que los árboles que comienzan a debilitarse por alguna enfermedad acumulan compuestos de defensa de este tipo y son una señal para que sean colonizados por los escarabajos. Es más, las trampas utilizadas para capturar a los escarabajos adultos se basan precisamente en una sustancia alcohólica que se vaya evaporando y diseminando por el aire. Incluso es fácil encontrar a estos escarabajos en el interior de vasos de cerveza ahogados si se deja al aire libre y hay árboles viejos cerca. Pero ¿por qué va a ser el alcohol únicamente una señal que les indica cuales son los árboles más débiles?

Escarabajo ambrosía *Xyleborus glabratus*

En un estudio reciente realizado por varios investigadores alemanes y estadounidenses se ha podido demostrar como los hongos relacionados simbióticamente con estos escarabajos (el escarabajo obtiene alimento y el hongo crecimiento óptimo y dispersión selectiva) crecen de forma muy eficiente en madera con un elevado contenido alcohólico (cercano al 2%). En este lugar ningún otro microorganismo puede crecer debido a la elevada toxicidad alcohólica presente. De esta forma, los escarabajos eliminan las posibles "malas hierbas" de su cultivo agrícola-fúngico, los mohos.

Pero no solo son unos grandes agricultores, sino que estos escarabajos presentan también un significativo comportamiento social, al cooperar muy activamente en el cultivo de los hongos, limpiando las galerías y a sus compañeros, con el fin de que las esporas del hongo puedan pegarse bien en los escarabajos y ser dispersadas a otros árboles. Por lo tanto, la labor de estos escarabajos hacía los hongos que cultivan podría realmente asimilarse a la elaboración de bebidas alcohólicas como el vino y la cerveza con levaduras que nosotros producimos y utilizamos, las cuales necesitan de un ambiente hostil con contenido alcohólico para realizar sus funciones.

Las actuales líneas de estudio llevadas a cabo por estos investigadores se basan en descubrir exactamente cuál es el mecanismo a través del cual estos hongos han aprendido a tolerar la toxicidad del alcohol, con prometedoras posibles aplicaciones biotecnológicas futuras.

Referencias bibliográficas y más información:

Ranger, C. M., Biedermann, P. H., Phuntumart, V., Beligala, G. U., Ghosh, S., Palmquist, D. E., & Benz, J. P. (2018). Symbiont selection via alcohol benefits fungus farming by ambrosia beetles. *Proceedings of the National Academy of Sciences*, *115*(17), 4447-4452.

* Todas las fotografías han sido extraídas de la plataforma *Wikimedia Commons*.

* Capítulo basado en una publicación original en *Blasting News*.

El secreto de las termitas

¿De dónde obtienen su capacidad para comer madera?

Las termitas, o isópteros, representan un infraorden de insectos incluidos dentro del orden Blattodea (el de las cucarachas). Son insectos sociales muy jerarquizados (al igual que las hormigas o las abejas) que viven en termiteros que ellas mismas construyen. Su alimento se basa, principalmente, en la celulosa presente en la madera, de la cual pueden obtener los diferentes nutrientes gracias a los microorganismos presentes en sus intestinos, que rompen este polisacárido.

Isoptera

Están principalmente presentes, y de una forma muy diversificada, en Australia, África y Suramérica. La forma a través de la cual las termitas se alimentan entre ellas, de forma general, es mediante la denominada como trofalaxia. Ésta se basa en la búsqueda y consumo de la celulosa presente en la madera por parte de las termitas exploradoras u obreras. Ya en el termitero, estas termitas le cederán parte del alimento que consumieron a varias de sus compañeras a través de su ano: transmisión del alimento vía ano-boca.

La microbiota intestinal de las termitas está formada por un complejo y muy variado conjunto de microorganismos que incluyen bacterias, hongos y protistas capaces de digerir compuestos como la lignocelulosa de la madera. Pero, si sus microorganismos intestinales son tan importantes para que puedan alimentarse ¿cómo llegan hasta allí?

La Unidad de Genómica Evolutiva del Instituto de Ciencia y Tecnología de Okinawa (Japón) ha intentado responder a esta pregunta mediante la recolección de 94 especies diferentes de termitas en cuatro continentes (Oceanía, Asia, América del Sur y África) y el análisis de 211 grupos bacterianos en sus intestinos. Para ello, extrajeron el material genético de sus intestinos y lo secuenciaron mediante un fragmento genético específico de bacterias (ARNr 16S), así obtuvieron árboles genealógicos que dilucidaron la historia evolutiva de cada una de las microbiotas.

De esta forma consiguieron determinar como las termitas obtienen sus bacterias intestinales mediante la trofalaxia entre los miembros de su propio termitero (transmisión vertical) y con las termitas de otras colonias diferentes (transmisión horizontal). La transmisión vertical permite que bacterias y termitas evolucionen conjuntamente, especializándose en dietas y hábitats muy específicos. Por otro lado, la transmisión horizontal también se puede llevar a cabo en las peleas entre miembros de termiteros diferentes, pues el ganador se come al perdedor, incluido su intestino.

Por lo tanto, los microorganismos intestinales de las termitas son imprescindibles para su supervivencia y, aunque la principal forma de obtención de los mismos es a través del consumo de las heces de otros miembros de su colonia, también pueden consumir las de otros termiteros e incluso a los individuos completos.

Referencias bibliográficas y más información:
Bourguignon, T., Lo, N., Dietrich, C., Šobotník, J., Sidek, S., Roisin, Y., & Evans, T. A. (2018). Rampant host switching shaped the termite gut microbiome. *Current Biology*, *28*(4), 649-654.

* Todas las fotografías han sido extraídas de la plataforma *Wikimedia Commons*.

* Capítulo basado en una publicación original en *Blasting News*.

Un arma en miniatura

Las hormigas argentinas (*Linepithema humile*) son originarias de las orillas del río Paraná, en América del Sur, pero han sido capaces de colonizar prácticamente todo el mundo, incluso islas oceánicas aisladas. Este éxito colonizador se debe a su enorme capacidad de supervivencia, ya que sus nidos presentan más de una reina, dificultando su erradicación, y viven de forma transitoria en cada lugar, sin formar nidos permanentes, con lo que se adaptan mucho más fácilmente a los cambios de su entorno. Además, estas hormigas son muy agresivas y una vez que alcanzan un nuevo territorio atacan y compiten con las especies de hormigas pre-existentes.

Hormigas argentinas alimentándose de cactus

En concreto, estas hormigas son un grave problema en California (Estados Unidos), donde se multiplican fácilmente en zonas con riego artificial (jardines y campos de cultivo), compitiendo con las hormigas nativas de la zona y con los polinizadores, además de protegiendo a diferentes plagas (como los pulgones) cuyas melazas les sirven como alimento.

Como ocurre con todos los insectos con hábitos sociales, las hormigas argentinas secretan una serie de compuestos químicos que les sirven para comunicarse entre ellas, en concreto en la zona del abdomen. En este sentido, investigadores de la Universidad de California han observado como siempre que una de estas hormigas ataca a alguna enemiga agita su abdomen sobre el cuerpo del oponente. De esta forma, se ha comprobado que en ese momento las hormigas argentinas rocían el cuerpo de otras hormigas con sustancias irritantes, en concreto su enemigo son hormigas cosechadoras originarias de California.

Hormigas cosechadoras californianas (*Pogonomyrmex californicus*)

Estas sustancias químicas se denominan dolicodial e iridomirmecina y, además de irritar, desorientan a sus enemigas y atraen a más hormigas argentinas, no solo de su nido sino de cualquiera cercano. El siguiente paso en el que se está investigando es utilizar estos compuestos como atrayentes de estas hormigas hacia trampas que disminuyan su población invasora y como repelentes de otros insectos.

Referencias bibliográficas y más información:

Welzel, K. F., Lee, S. H., Dossey, A. T., Chauhan, K. R., & Choe, D. H. (2018). Verification of Argentine ant defensive compounds and their behavioral effects on heterospecific competitors and conspecific nestmates. *Scientific reports*, *8*(1), 1477.

* Todas las fotografías han sido extraídas de la plataforma *Wikimedia Commons*.
* Capítulo basado en una publicación original en *Diario Siglo XXI*.

El secreto de las hormigas para trabajar tanto: el descanso

Las hormigas son insectos himenópteros pertenecientes a la familia Formicidae. Presentan comportamientos muy sociales, viviendo en colonias plenamente jerarquizadas, donde la reina representa la única hembra fértil y las obreras viven con el fin de lograr el máximo desarrollo del hormiguero.

Uno de los trabajos más duros que deben realizar las hormigas es la construcción del nido, estructura sumamente compleja y difícil de llevar a cabo, teniendo en cuenta el tamaño de las obreras. En este sentido, un grupo de investigadores del Instituto de Tecnología Física de Georgia han estudiado la actividad individual de un grupo de 30 hormigas (pintándoles el abdomen para poder identificarlas), analizando la cantidad de trabajo realizado por cada una de ellas. Gracias a este estudio, los investigadores han podido observar como un reducido número de ellas realizaba las

Hormiga escavando

labores de excavación, mientras que el resto se mantenían quietas. Cuando una hormiga se cansaba era sustituida por una de las que se encontraba descansando.

Interior de un hormiguero

De esta forma se evitaba una entrada masiva de hormigas (situación observada en algún momento del estudio) a escavar el nido, impidiendo que hubiera espacio para todas y provocando que muchas entraran y salieran del nido sin ninguna carga en sus mandíbulas. La posterior modelización matemática de este comportamiento indica que el 30% de las hormigas realiza el 70% del trabajo, siendo la forma más eficiente de conseguir el fin último. Este punto de equilibro alcanzado por el hormiguero evita la obstrucción de los túneles, alcanzando una eficiencia máxima de producción.

La modelización matemática realizada por las hormigas es lo que en ingeniería de caminos se conoce como diagrama fundamental de flujo del tráfico, que indica la relación directa existente entre la densidad de tráfico y la velocidad de los vehículos. Al igual que en el caso de las hormigas, este diagrama permite conocer el equilibrio más eficiente entre velocidad y volumen.

Introduciendo el modelo llevado a cabo por las hormigas en la programación de robots excavadores de túneles se ha conseguido la máxima eficiencia de trabajo, con el menor gasto de energía posible, al evitar todos los problemas de atascos. Estos nuevos resultados, podrían mejorar significativamente las labores realizadas tras un desastre natural o en la minería.

Referencias bibliográficas y más información:
Aguilar, J., Monaenkova, D., Linevich, V., Savoie, W., Dutta, B., Kuan, H. S., & Goldman, D. I. (2018). Collective clog control: Optimizing traffic flow in confined biological and robophysical excavation. *Science*, *361*(6403), 672-677.

* Todas las fotografías han sido extraídas de la plataforma *Wikimedia Commons*.

* Capítulo basado en una publicación original en *Diario Siglo XXI*.

SOBRE EL AUTOR

Jorge Poveda Arias nació en Salamanca el 26 de diciembre de 1991.

Es Doctor en Agrobiotecnología (2018), Graduado en Biología (2013) y Máster Universitario en Agrobiotecnología (2014), todos por la Universidad de Salamanca. Además, ha obtenido varios posgrados universitarios de especialización en Biotecnología Alimentaria (2014), Entomología Aplicada (2016), Diagnóstico  Molecular Ambiental (2017) y Redacción Científica (2018), junto con un Máster Europeo en Calidad y Seguridad Alimentaria (2014).

Entre sus campos de interés científico destacan la fisiología y biotecnología vegetal, la microbiología, la fitopatología, la entomología o la alimentación.

Desde 2014 realiza su labor profesional en la empresa MealFood Europe, dedicada a la cría masiva del insecto *Tenebrio molitor* con numerosas aplicaciones. A su vez, desde el año 2012 pertenece al Grupo de Investigación sobre Fitopatología y Control Biológico del Instituto Hispano-Luso de Investigaciones Agrarias de la USAL.

Es un activo divulgador científico en numerosos medios de comunicación escrita, aparte de realizar conferencias de concienciación ciudadana sobre sus campos de interés en diferentes eventos y jornadas.

Su actividad investigadora se centra en la interacción planta-hongo y en la producción masiva de insectos con diferentes aplicaciones.

www.ingramcontent.com/pod-product-compliance
Lightning Source LLC
Chambersburg PA
CBHW021414210526
45463CB00001B/367